U0322049

无线局域网可视电话原理及应用

龙昭华　张　林　蒋贵全　刘达明　祝家钰　编著

科学出版社

北京

内 容 简 介

本书以无线局域网可视电话系统原理和实现作为主线,较为系统地阐述无线局域网、从事无线局域网可视电话、会议发起协议、对等网络、音视频编解码、无线局域网接入安全、视频多媒体数据传输等技术原理,同时介绍了从事无线局域网可视电话适用的典型硬件芯片模组、嵌入式终端软件、软交换软件、从事无线局域网可视电话系统测试等的实现方法与从事无线局域网可视电话发展趋势、技术标准等。

本书可作为相关专业高年级本科生、研究生教材,也可供从事无线局域网可视电话系统研究的科研人员参考。

图书在版编目(CIP)数据

无线局域网可视电话原理及应用/龙昭华等编著.—北京:科学出版社,2014.12

ISBN 978-7-03-042799-1

Ⅰ.①无… Ⅱ.①龙… Ⅲ.①无线电通信-局域网-可视电话-研究 Ⅳ.①TN949.28

中国版本图书馆 CIP 数据核字(2014)第 300157 号

责任编辑:张艳芬 王迎春 / 责任校对:郭瑞芝
责任印制:徐晓晨 / 封面设计:陈 敬

斜 学 虫 版 社出版

北京东黄城根北街 16 号
邮政编码:100717
http://www.sciencep.com

北京教图印刷有限公司 印刷
科学出版社发行 各地新华书店经销
*
2015 年 1 月第 一 版 开本:720×1000 1/16
2016 年 1 月第二次印刷 印张:15 1/4
字数:291 000
定价:85.00 元
(如有印装质量问题,我社负责调换)

前　言

早在 20 世纪 50～60 年代就有人提出可视电话的概念,认为可以利用电话线传输语音的同时传输图像。1964 年,美国贝尔实验室正式提出可视电话的相关方案。但是,由于传统网络和通信技术条件的限制,可视电话的应用一直没有取得实质性进展。直到 20 世纪 80 年代后期,随着芯片技术、传输技术、数字通信、视频编解码技术和集成电路技术的不断发展和日趋成熟,可视电话才得以逐步走向应用。随着现代手机操作系统、互联网技术、3G/4G 网络的快速发展,以及移动互联网视频聊天等的应用,可视电话技术得到很大的发展。

无线局域网(WLAN)对用户"最后 100 米"的移动、高速接入等优势,是可视电话的大流量数据业务所客观无法回避的传输技术,这催生了作为 3G/4G 可视电话、移动互联网视频聊天等可视电话功能之外,作为补充的无线局域网可视电话(WLAN videophone,WVphone)的出现。具有高带宽、距离短、接入方便等优势的 WLAN,可以作为可视电话传输技术的补充,且基于 WLAN 制定的 WVphone标准、构建实现的 WVphone 系统,有些技术优势和应用场合、效果具有其他技术不可替代的作用。希望本书的出版能够充实、繁荣可视电话的技术领域和市场。

本书以市场需求和实现 WVphone 系统目标为导向,围绕 WVphone 的功能、支持技术原理、标准化等方面重点展开论述。本书内容编排尽量满足读者对各章节内容可选择性地阅读的需求。本书内容取材于国家标准科技专项、国家科技重大专项等项目的研究成果,内容的取舍主要以 WVphone 系统的研发思路为主线,尽量系统地介绍以 WVphone 系统原理和应用为中心所涉及的各相关专业技术;在内容的前后搭配方面,尽量做到循序渐进,但由于 WVphone 系统涉及的技术内容和标准较多较广、技术点相互交叉,因此在内容编排方面可能无法顾及全部读者的需求。读者若以 ISO OSI/RM 参考模型的层次划分为指导,则对书中各技术点所处位置和在 WVphone 系统中作用的理解会深入。

本书中的技术内容和思想有的来自国内外公开资料,有的来自参加过WVphone系统研发的科研人员、高校教师、研究生的研究成果,在此一并致谢。

本书初稿资料由张林、高永贵收集汇总。各章编著分别由张林(第 1 章、第4～6 章)、龙昭华(第 2 章)、蒋贵全(第 3 章、第 7 章、第 8 章)、刘达明(第 9 章和第10 章)、祝家钰(第 11 章和第 12 章)完成。全书内容策化、修改、统稿、审稿、定稿由龙昭华负责。

赵梦云、杨云鹏、李波波、龚俊、鲁杰、蒋纬昌、陈江南、熊华为、杨鑫等研究生对本书技术思想支撑科研课题——WVphone 系统原理样机的技术文献进行了整理、修正。

本书由 2007 年国家质检公益性科技专项"无线局域网可视电话技术与标准化研究"（10-226）、2009 年国家重大科技专项"宽带移动网络安全技术研究"（ZX03004-003），以及重庆邮电大学出版基金资助。

由于作者水平有限且 WVphone 系统原理与设计实现涉及的技术内容较多，再加上 WVphone 系统正在演进发展中，书中难免存在不足之处，敬请读者批评指正。

作　者

2014 年 12 月

目　　录

第1章　绪　　论

1.1　什么是 WVphone

最早对可视电话的研究可以追溯到 20 世纪 60 年代,直到 20 世纪 90 年代,国际标准化组织才陆续推出一系列满足一定需求的可视电话的音视频编解码标准和信令标准,可视电话从此有了统一的技术标准,基于 IP 的可视电话技术也在这一大背景下得到了快速发展。

早期的可视电话基于公共交换电话网(public switched telephone network, PSTN),但由于其低于 64Kbit/s 的传输速率不能满足高性能视频通信的要求,因此已经渐渐退出了历史舞台。随着 IP 网络的普及,人们逐渐意识到将分离的语音、数据、视频网络融合为一体是未来网络发展的大趋势,V2IP(video and voice over IP)在这一背景下应运而生。V2IP 是指在基于 IP 的数据网上进行语音、视频数据传输,即可视 IP 电话。

可视电话的应用前景非常广泛[1,2]。专家预计,未来将会有大量的普通电话被可视电话替代,而 V2IP 又是整个可视电话市场的主导力量,有着巨大的市场潜力。V2IP 广泛应用于基于 IP 网络的个人视频通信或企业、事业、家庭内部的视频会议中。如果将 V2IP 所在的 IP 网络通过网关连接到 PSTN,就能实现它和普通电话的通信;如果连接到 3G 、4G 网络,就能实现与 3G、4G 手机的视频通信。随着国内电信业对 3G、4G 网络的大规模推广,V2IP 应用将会逐渐占领市场。

与此同时,国内外很多标准化组织均着力于 WLAN 技术标准的研究和制定工作,已经颁布的 WLAN 技术标准有:我国宽带无线 IP 标准工作组制定的 GB 15629.11(支持 WAPI(wireless LAN authentication and privacy infrastructure)安全协议的 WLAN 标准)系列标准、国际标准化组织 ISO/IEC JTC1/SC6 制定的 ISO/IEC 802.11 系列标准、美国电气电子工程师学会(IEEE)制定的 IEEE 802. 11 系列标准、欧洲电信标准协会(ETSI)制定的 HiperLAN 系列标准、日本多媒体移动接入通信促进委员会(MMAC)制定的 HiSWAN 系列标准等。WLAN 技术标准的不断发展和完善为 WLAN 技术的不断进步提供了理论依据。

IP 可视电话技术的飞速发展与 WLAN 技术的不断改进与完善,积极地推动了无线局域网可视电话(WLAN videophone,WVphone)的发展。WVphone 是 IP 可视电话技术与 WLAN 技术相结合的产物,是对 V2IP 和 WLAN 的集成和扩展,利用现有的 WLAN 实现无线 V2IP 通话。

　　新技术要有推广和应用价值,就一定要满足用户实际需求。WVphone 正是如此,一方面,伴随着智能移动终端的普及,越来越多的用户追求高质量的实时视频通话,嵌入 WVphone 软件的智能终端能够有效地满足用户的需求;另一方面,随着智能家庭网络的构架与数字家庭技术突飞猛进的发展,人们迫切期待实现动态的家庭或社区监控与协助,嵌入 WVphone 技术的终端或网络设备势必成为未来的发展趋势。WVphone 作为一种新的技术与应用,相信会在多种数字多媒体应用中具有应用价值。

1.2　WVphone 的应用方案

　　WVphone 系统作为一种新的音视频通话系统,不仅可以代替现有的通信系统(如有线电话、移动电话、双向无线对讲机),还能够满足用户的实时视频需求。WVphone 终端与移动电话很像,区别在于用户只能在无线热点覆盖的区域内使用 WVphone,例如,在公司内和公司外都可以使用 WVphone 终端。一些手机中附带了 WVphone 功能,这样在没有 WLAN 的地方,用户可以使用传统的移动通信网络。图 1.1 展示了 WVphone 系统的主要应用模型。图 1.1(a)称为本地通信 (local-only)配置,与双向无线对讲机系统相似,拥有实时视频功能,该 WVphone 系统只应用于本地用户之间的音视频通信。有线系统(必须安装支持WVphone的软件)与无线系统可以混合使用。例如,仓库中使用 WVphone 的员工可以与办公室里使用有线并带 WVphone 软件的 PC(personal computer)或 WVphone 的经理通话,效果见图 1.2。图 1.1(b)和图 1.1(c)中的 WVphone 系统则更为先进,用户的语音视频业务流量经由 Internet 或 PSTN 传输,用户可以进行真正意义上的语音视频通信,效果见图 1.3。对于终端用户来说,WVphone 与传统的手机在使用上并没有什么区别。

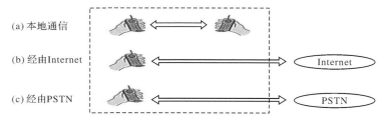

图 1.1　WVphone 系统的主要应用模型

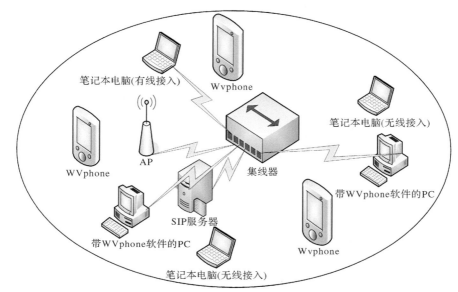

图 1.2 WVphone 的本地通信效果图

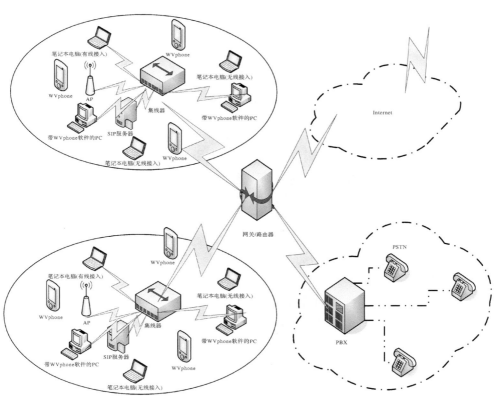

图 1.3 接入 Internet 或 PSTN 的 WVphone 应用效果图

1.3　WVphone 的研究现状

可视电话终端包括基于 PC 的终端和基于嵌入式 WVphone 平台的终端。基于 PC 的可视电话终端利用 PC 摄像头和视频电话软件（如 QQ、Skype 等）来实现音频与视频通信。该方式是在通用处理器上实现音视频处理，与专门的多媒体处理器相比，成本过高，不具有便携性和可移动性，使用起来极不方便。基于嵌入式平台的可视电话终端具有便携性和可移动性，使用方便灵活，成本较低，必将成为 V2IP 的主流产品。目前已有多家国内外公司开发出嵌入式 V2IP 或会议电视系统，国外有 3Com 公司的 Bigpicture Video Camera、PolyCom 公司的 VSX6000 系列电话会议系统等；国内有华为公司的 ViewPoint8220/8210 可视电话系统、上海中意通信公司的 CIPS-IP2006 可视电话、闻亭可视电话系统等，它们具有以下特点。

（1）多采用数字信号处理（digital signal processing，DSP）技术外加一片 MCU 的解决方案，DSP 技术分别用于视频和语音的编解码，MCU 控制整个系统的运行并完成音视频数据的网络传输，过多的芯片一方面会导致硬件设计比较复杂，系统的稳定性降低，功耗增加；另一方面使得硬件成本加大，售价过高，很难大规模推广。

（2）视频编解码协议多采用 H.261 或 H.263 编码，而很少采用 H.264 编码，故压缩率不够，传输音视频数据时占用较大的带宽。

（3）176×144 分辨率的 1/4 通用中间格式（quarter common intermediate format，QCIF）或 352×288 分辨率的通用中间格式（common intermediate format，CIF）图像远远不能满足现今客户的需求，急需具有更高图像质量的产品。

（4）以有线接入为主的可视电话不具备便携性和可移动性。

很明显，硬件设计复杂、视频分辨率低、使用压缩率较低的压缩标准、价格过高等因素是该类产品的共同特点。

以带宽高、成本低为主要优势的 WLAN 的普及，势必为可视电话的发展带来新的机遇。目前关于可视电话的书籍在技术市场相对较少，关于 WVphone 的书籍、报告更少见。

技术进步与市场需求驱使本书作者将所在团队对 WVphone 的研究情况与读者探讨，以共同提高，这是撰写本书的目的之一。作者相信，跨过 WLAN 通信的视频电话应用，其优势将逐步显现。

1.4 WVphone 的特点

与已有的可视电话相比,WVphone 是一种新的技术与应用,具有自己独特的特点。

1) 密切结合用户应用场景与需求

伴随着智能移动终端的普及,未来将实现人手一部智能移动终端,通过 3G、4G 或无线热点接入网络,单纯的语音通话已不能满足用户的需求,用户更迫切要求进行实时的视频通话,WVphone 正是在这样的背景下诞生的,充分考虑用户的应用场景与需求。

2) 应用高效的编解码算法

进入 21 世纪,ISO 和国际电信联盟(ITU)推出了高效的视频编码算法,如 ITU 推出的 MPG4 视频压缩编码算法、ISO 与 ITU 共同推出的 H. 264 编码标准、中国推出的 AVS 标准。WVphone 采用这几种高效的编码算法,使传输的视频数据占用更小的带宽,拥有更优的性能。

3) 采用更安全的协议

ISO 针对 WLAN 制定了一系列标准,如 802. 11 系列标准,同时针对 WLAN 的安全问题提出了一定的解决方案,如 802. 11i 标准,然而仍无法解决 WLAN 的安全问题。中国提出的 WAPI 安全方案作为一种新的技术框架,使用在 WVphone 中,能够有效地解决 WLAN 的安全问题。

1.5 WVphone 的应用市场

医院、工厂、机场和零售商场等,其员工在场所内移动又需要与其他人保持联系,这些环境都是 WLAN 可视电话锁定的主要市场。可设想医院的工作人员把 WVphone 终端作为寻呼机或者电话使用,同时作为实时视频查阅患者病历的工具。连上 WLAN 的 WVphone 终端让专业人士能在移动中存取资料。WVphone 终端让这些依赖 WLAN 的用户使用新技术来拨打视频电话。在机场候机,移动视频会议不再是梦想。

住宅无绳电话也是潜在应用市场之一。随着宽带连接逐渐成为家庭无线网络的一部分,无绳电话将由电路交换网络传输变成支持 IP 的电话。家庭 VoIP 应用最可能的方式是利用家庭中现有的有绳和无绳电话,通过模拟终端适配器(ATA)接入宽带。这种方式将加剧市话和长途电话服务领域的竞争,并可大大降低用户的通话费。

V2IP 终端设备预计在未来几年内将大幅增长,WVphone 也有大幅增长的趋势。WVphone 技术的最大潜在市场可能在于把其整合到手机中,通过具有 WVphone功能的手机,可以无缝地接入现有的宽带数据网络和 IP 电话网络,使之成为语音、视频、数据的综合终端。

尽管 WVphone 在实现和运营方面存在很多障碍,但消费者对此项应用的需求仍然非常强烈。有权威调查数据显示:接近一半的用户对无线局域网可视电话表现出了强烈兴趣。因此有理由相信,WVphone 功能需求将呈现高速增长的趋势,主要表现在以下几方面。

(1)在企业领域,特别是在医疗卫生、仓储和零售等行业,WVphone 发展势头将会越来越强劲。

(2)短期内,WVphone 市场仍是一个设备商驱动的市场。在 WLAN、IP-PBX 和有线 V2IP 市场进入良性发展阶段,利润增长已经出现下滑的情况下,WVphone的市场空间日益扩大。

(3)随着宽带服务提供商推出与宽带连接捆绑在一起的 VoIP 业务和无线网关,WVphone 在消费领域有着巨大的增长潜力。

(4)蜂窝及 WLAN 双模手机将会逐渐普及,而且一旦价格降低到一定水平,WLAN 将成为手机的通用功能,但跨网络 WVphone 业务发展将取决于运营商对这种新业务的态度和策略。

当然,V2IP 对传统电信业务的冲击是不可避免的。对固网运营商来说,WVphone将是固定与移动业务融合的一个有利切入点,尤其是对全业务运营商而言,WLAN 与蜂窝网络的结合将推动固网运营商提高在移动市场的竞争力,获取高端客户。而对移动运营商来说,当务之急是积极探索移动网络与 WVphone 或移动 V2IP 融合的道路,才能由被动变为主动,更好地把握市场。

参 考 文 献

[1] 中国通信行业标准.2GHz TD-SCDMA/WCDMA 数字蜂窝移动通信网电路域可视电话业务技术要求.2007.

[2] 中国移动公司.3G 电路域可视电话总体技术要求.2007.

第 2 章　WLAN 技术概述

2.1　WLAN 技术标准

作为无线通信网重要的组成部分的 WLAN,通常是指 HomeRF、IrDA、蓝牙 (有些场合蓝牙也被划归为无线个域网范畴)、美国 IEEE 802.11 等技术标准。 IEEE 802.11 系列标准被全球用户广泛使用,使得 IEEE 802.11 系列标准在多数 应用情况下被认为是 WLAN 的代名词。IEEE 802.11 系列标准中的许多标准在 标准化进程中,已被 ISO 接纳为 ISO 8802 标准。对 IEEE 802.11 或 ISO 8802 系 列标准有时被笼统地称为 802.11 标准。

802.11 标准对应的中国国家标准为 GB 15629.11 标准,GB 15629.11 国家标 准在安全接入技术方面对 802.11 标准进行了增强。

一般情况下,我国产业界除 GB 15629.11 之外,没有规定 802.11 系列标准的 技术要求,在生产 WLAN 产品时,一般采用 IEEE 802.11 标准的技术要求。 802.11系列标准在许多应用场合被通俗地称为 Wi-Fi(或 WiFi)。本书所涉及的 WLAN 技术如无专门说明是特指 802.11 标准规定的技术内容,而不是指 IrDA、 蓝牙等。

802.11 系列标准中的技术要求主要工作在 ISO/OSI RM 参考模型中对应的 物理层、数据链路层。美国 IEEE 802.11 系列标准的演化随其应用而不断进行, 技术不断深化。由于其演化过程已有二十年以上历史,因此 IEEE 802.11 标准的 文件数量较多。

2014 年 6 月版的 IEEE P802.11-REVmc™/D3.0 文件中,涵盖了 IEEE 历史 上已经正式公布的 802.11 标准中各主要标准的技术。其中,802.11ae、802.11aa、 802.11ad、802.11ac、802.11af 更适合类似于 WVphone 的大数据传输等应用,相 关标准文件正在美国 IEEE 组织制定中,并已经同步提交 ISO 各国家成员体流通。 IEEE P802.11-REVmc™/D3.0 文件涉及如下内容。

IEEE 802.11a™—1999:5GHz 的高速物理层(high-speed physical layer in the 5GHz band)。

IEEE 802.11b™—1999:2.4GHz 的高速物理层扩展(higher-speed physical layer extension in the 2.4GHz band)。

IEEE 802.11b—1999/Corrigendum 1—2001:2.4GHz 高速物理层扩展-勘误

(higher-speed physical layer extension in the 2.4GHz band)。

IEEE 802.11d™—2001:附加管理领域操作规范。

IEEE 802.11g™—2003:2.4GHz 更高数据速率扩展(further higher data rate extension in the 2.4GHz band)。

IEEE 802.11h™—2003:欧洲 5GHz 的频谱传输电源管理扩展(spectrum and transmit power management extensions in the 5GHz band in Europe)。

IEEE 802.11i™—2004:MAC 安全增强(medium access control security enhancements)。

IEEE 802.11j™—2004:日本使用 4.9～5GHz(4.9～5GHz operation in Japan)。

IEEE 802.11e™—2005:MAC 服务质量增强(medium access control quality of service enhancements)。

IEEE 802.11k™—2008:WLAN 无线资源度量(radio resource measurement of wireless LAN)。

IEEE 802.11r™—2008:BSS 快速切换(fast basic service set transition)。

IEEE 802.11y™—2008:美国使用 3650～3700MHz(3650～3700MHz operation in USA)。

IEEE 802.11w™—2009:保护管理帧(protected management frames)。

IEEE 802.11n™—2009:更高吞吐量增强(enhancements for higher throughput)。

IEEE 802.11p™—2010:车载环境无线接入(wireless access in vehicular environments)。

IEEE 802.11z™—2010:直接连接设置扩展(extensions to direct-link setup)。

IEEE 802.11v™—2011:无线网络管理(wireless network management)。

IEEE 802.11u™—2011:与外部网络交互工作(interworking with external networks)。

IEEE 802.11s™—2011:mesh 网络(mesh networking)。

下列标准也已成为 IEEE Std 802.11—2012 的组成内容。

IEEE 802.11ae™—2012:管理帧优先(prioritization of management frames)。

IEEE 802.11aa™—2012:健壮音视频流 MAC 增强(MAC enhancements for robust audio video streaming)。

IEEE 802.11ad™—2012:60GHz 很高吞吐量增强(enhancements for very high throughput in the 60GHz band)。

IEEE 802.11ac™—2013:6GHz 很高吞吐量操作增强(enhancements for very

high throughput for operation in bands below 6GHz)。

IEEE 802.11af™—2013：电视空白频道操作（television white spaces operation)。

以下对相关标准组织推荐、技术市场上常见的 WLAN 技术标准进行简单介绍。

2.1.1　WLAN 标准的范围

以下为 2014 年 6 月版的 IEEE P802.11-REVmc™/D3.0 研究文件中阐述的最新 IEEE 802.11 标准规定的 WLAN 范围、目的及作用，正确理解这些规定有助于正确地根据 802.11 标准技术要求开发 WLAN 产品。

1. WLAN 标准的范围

WLAN 标准是为固定（fixed)、便携（portable)、移动（moving)无线连接的局部区域内的站，而定义的介质访问控制（MAC)层和物理层（PHY)技术规范。

2. WLAN 标准的目的

在局部区域内，为固定、便携、移动无线连接的站提供无线连接能力，也为各国家管理机构提供一种以上频带接入的标准方法。

3. WLAN 标准的作用

（1）描述遵从于 IEEE 802.11™的，具有独立的、个人的、基础设施网络的，以及在网络内站具有移动、切换设备的功能和服务。

（2）描述遵从于 IEEE 802.11™的，能够直接与外部另一个具备独立或基础设施的网络进行通信的功能与服务。

（3）定义支持 MAC 服务数据单元（MSDU)提交服务的 MAC 规定（procedure)。

（4）定义一些由 IEEE 802.11 MAC 管理的物理信令技术（signaling technique)和接口功能。

（5）定义多个 WLAN 重叠（overlapping)的情况下共存（coexist)的许可操作标准。

（6）描述了 WLAN 环境下，跨过无线媒介传输用户信息和 MAC 管理信息时，其机密需求和规程。

（7）定义了满足标准规定的动态频率选择（dynamic frequency selection，DFS)和发送功率控制（transmit power control，TPC)机制。

（8）定义了支持语音、音频、视频传输的服务质量（quality of service，QoS)需求的 MAC 规程。

（9）定义了 WLAN 站管理中所需要的 BSS 切换（transition）管理、频道利用、合作干扰报告（collocated interference reporting）、诊断、多播诊断、事件报告、灵活多播、有效信标、ARP（address resolution protocol）代理广播、定位、定时测量、直接多播、扩展睡眠模式、流量过滤（traffic filtering），以及管理通知（notification）的机制和服务。

（10）定义了由网络发现（network discovery）和站选择（selection by STA）帮助的功能和规程（procedure）。将使用 QoS 映射/紧急服务设施通用机制（provision of emergency service）进行信息转换（information transfer）。

（11）定义了支持 WLAN 无线多跳 mesh 拓扑网络的必要 MAC 规程。

（12）定义了支持管理帧优先的 MAC 机制。

（13）定义了改善音视频流服务质量（AV streaming QoS）的机制，以提高声音和视频性能。

（14）定义了需要的定向天线操作 PHY 信令（signaling）、MAC 和波束成型（beamforming）规范。

4. WLAN 标准中引用的标准

标准引用是为了应用标准本身，而需要其他标准的支持，体现了标准之间的相关性质。WLAN 标准仅定义了物理层、数据链路层的连接技术。显然，没有其他标准构成一个完整应用整体，WLAN 标准没有应用目标。了解 WLAN 引用标准，对开发 WLAN 标准的应用非常重要。

IEEE P802.11-REVmc™/D3.0 文件中，指明了最新 IEEE 802.11 标准拟引用的规范标准。从引用标准可以看出，802.11 标准的适应技术无疑对全面了解 WLAN 设计全部标准技术，采用包括互联网技术在内的技术而开发 WLAN 的应用，进行理论分析研究等，具有无法替代的实际意义。以下来自 WLAN 标准中声明的内容列出了 WLAN 适应的各相关标准名称及其作用，无疑对读者全方位了解 WLAN 本身有很大的帮助。

（1）3GPP TS 24.234，3GPP system to wireless local area network（WLAN）interworking；WLAN user equipment（WLAN UE）to network protocols；Stage 3.1

/＊3GPP 标准组织中，也定义了与 WLAN 的互相工作和用户设备协议标准＊/

（2）ETSI EN 301 893，Broadband radio access networks（BRAN）；5GHz high performance RLAN；Part 2：Harmonized EN covering essential requirements of article 3.2 of the R&TTE directive.2

/＊欧洲标准组织，也采用 WLAN 技术作为基本需求＊/

（3）FIPS PUB 180-3-2008，Secure hash standard.3

/＊WLAN 使用了安全 Hash 标准技术＊/

(4) FIPS PUB 197-2001, Advanced encryption standard (AES)

/＊WLAN 使用了 AES 技术＊/

(5) FIPS SP800-38B, Recommendation for block cipher modes of operation: the CMAC mode for authentication, Dworkin M

/＊WLAN 安全将使用分组密码(block cipher)技术＊/

(6) IANA EAP method type numbers. http://www. iana. org/assignments/ eap-numbers　　　　　　　　/＊WLAN 将使用以太类型技术＊/

(7) IEEE 754™—2008, IEEE standard for binary floating-point arithmetic. 4,5　　　　　　　　　/＊WLAN 中将使用浮点计算技术＊/

(8) IEEE 802®—2001, IEEE standards for local and metropolitan area networks: overview and architecture/＊WLAN 遵从 IEEE 802®—2001 的架构技术＊/

(9) IEEE 802. 1AS™, IEEE standard for local and metropolitan area networks: timing and synchronization for time-sensitive applications in bridged local area networks

/＊WLAN 遵从 IEEE Std 802. 1AS™的定时和同步技术,以实现时间感知需求＊/

(10) IEEE 802. 1Q™—2011, IEEE standard for local and metropolitan area networks: media access control bridges and virtual bridged local area networks

/＊WLAN 遵从 IEEE 802. 1Q™—2011 的 MAC 虚拟桥接局域网技术＊/

(11) IEEE 802. 1X™—2010, IEEE standard for local and metropolitan area networks: port-based network access control

/＊WLAN 遵从 IEEE 802. 1X™—2010 的基于网络控制的端口访问技术＊/

(12) IEEE 802. 21™—2008, IEEE standard for local and metropolitan area networks: media independent handover services

/＊WLAN 遵从 IEEE 802. 21™—2008 的介质独立切换(handover)技术＊/

(13) IEEE C95. 1™, IEEE standard safety levels with respect to human exposure to radio frequency electromagnetic fields, 3kHz to 300GHz

/＊WLAN 遵从 IEEE C95. 1™的关于射频电磁对人体照射的相关技术规定＊/

(14) IETF RFC 791, Internet protocol, 1981

/＊WLAN 可应用于 IETF 标准组织的互联网协议＊/

(15) IETF RFC 925, Multi-LAN address resolution, Postel J, 1984

/＊WLAN 可应用于 IETF 标准组织的多局域网地址解析协议＊/

(16) IETF RFC 1035, Domain names: implementation and specification, Mockapetris P, 1987　　/＊WLAN 可应用于 IETF 标准组织的域名技术的规定＊/

(17) IETF RFC 1042, A standard for the transmission of IP datagrams over

IEEE 802® networks,Postel J,Reynolds J,1988
　　　　　　/＊WLAN 可应用于 IETF 标准组织关于 IP 数据报传输的标准＊/
　　(18) IETF RFC 1321,The MD5 message-digest algorithm,1992(status：informational)　　　　　/＊WLAN 中可涉及使用 MD5 消息摘要算法技术＊/
　　(19) IETF RFC 2104,HMAC：Keyed-hashing for message authentication,Krawczyk H,Bellare M,Canetti R,1997(status：informational)
　　　　　　/＊WLAN 中可涉及使用 Keyed-Hashing 密钥哈希算法技术＊/
　　(20) IETF RFC 2409,The internet key exchange,Harkins D,Carrel D,1998(status：standards track)　/＊WLAN 中可涉及使用 IKE 互联网密钥交换算法技术＊/
　　(21) IETF RFC 2460,Internet Protocol,Version 6(IPv6),Deering S,Hinden R,1998　　　　　　　　/＊WLAN 中可涉及使用 IPv6 技术＊/
　　(22) IETF RFC 3164,The BSD syslog protocol,2001
　　　　　　/＊WLAN 中可涉及使用 BSD Syslog 日志技术＊/
　　(23) IETF RFC 3394,Advanced encryption standard key wrap algorithm,Schaad J,Housley R,2002(status：informational)
　　　　　　　　/＊WLAN 中可涉及使用 AES 安全技术＊/
　　(24) IETF RFC 3610,Counter with CBC-MAC(CCM),Whiting D,Housley R,Ferguson N,2003(status：informational)　　/＊WLAN 中可涉及使用 CCM 技术＊/
　　(25) IETF RFC 3629,UTF-8,A transformation format of ISO 10646,Yergeau F,2003　　　/＊WLAN 中可涉及使用 1～6B 编码的 Unicode 字符技术＊/
　　(26) IETF RFC 3748,Extensible authentication protocol,Aboba B,Blunk L,Vollbrecht J,et al,2004　　/＊WLAN 中可涉及使用可扩展鉴别 EAP 技术＊/
　　(27) IETF RFC 3986,Uniform resource identifier：generic syntax,2005
　　　　　　　/＊WLAN 中可涉及使用 URI 技术＊/
　　(28) IETF RFC 4017,Extensible authentication protocol method requirements for wireless LANs,Stanley D,Walker J,Aboba B,2005(status：informational)　　　/＊WLAN 中可涉及使用 IETF 可扩展鉴别 EAP 方法需求技术＊/
　　(29) IETF RFC 4119,A presence-based GEOPRIV location object format,Peterson J,2005
　/＊WLAN 中可涉及使用地理位置对象格式呈现(presence)技术,将与 SIP 协议连用＊/
　　(30) IETF RFC 4282,The network access identifier,2005
　　　　　　　/＊WLAN 中可涉及使用网络接入标识技术＊/
　　(31) IETF RFC 4776,Dynamic host configuration protocol (DHCPv4 and DHCPv6) option for civic addresses configuration information,2006
　　　　　　/＊WLAN 中可涉及使用动态主机配置协议(DHCP)技术＊/

（32）IETF RFC 4861，Neighbor discovery for IP version 6（IPv6），Narten T，Nordmark E，Simpson W，et al，2007

　　　　　　　　　　　　　/∗WLAN 中可涉及使用 IPv6 邻居发现技术∗/

（33）IETF RFC 5216，The EAP-TLS authentication protocol，Simon D，Aboba B，Hurst R，2008　　/∗WLAN 中可涉及使用鉴别协议（EAP-TLS）技术∗/

（34）IETF RFC 5227，IPv4 address conflict detection，Cheshire S，2008

　　　　　　　　　　　/∗WLAN 中可涉及使用 IPv4 地址冲突检测技术∗/

（35）IETF RFC 5297，Synthetic initialization vector authenticated encryption using the advanced encryption standard，Harkins D，2008

　　　　　　　　　　/∗WLAN 中可涉及使用基于 AES 的 SIV 鉴别技术∗/

（36）IETF RFC 5985，HTTP-enabled location delivery，Barnes M，2010

　　　　　　　　　　/∗WLAN 中可涉及使用 HTTP 有效的位置提交技术∗/

（37）IETF RFC 6225，Dynamic host configuration protocol options for coordinate-based location configuration information，Polk J，Linsner M，Thomson M，et al，2011/∗WLAN 中可涉及使用基于位置配置信息的动态主机配置协议技术∗/

（38）ISO/IEC 3166-1，Codes for the representation of names of countries and their subdivisions—Part 1：Country codes. 7

　　　　　　　　/∗WLAN 中可涉及使用 ISO 规定的国家名字表示码技术∗/

（39）ISO/IEC 7498-1：1994，Information technology—open systems interconnection—basic reference model：the basic model

　　　　　　　　/∗WLAN 中可涉及使用 ISO OSI/RM 参考模型技术∗/

（40）ISO/IEC 8802-2：1998，Information technology—telecommunications and information exchange between systems—local and metropolitan area networks—specific requirements—Part 2：Logical link control

　　　　　　　/∗WLAN 中可涉及使用 ISO 规定的逻辑连接控制技术标准∗/

（41）ISO/IEC 8824-1：1995，Information technology—abstract syntax notation one：specification of basic notation

　　　　　　　/∗WLAN 中可涉及使用 ISO 规定的抽象语法标识 1 的技术规定∗/

（42）ISO/IEC 8824-2：1995，Information technology—abstract syntax notation one：information object specification

　　　　/∗WLAN 中可涉及使用 ISO 规定的抽象语法标识 1 的信息对象规范技术∗/

（43）ISO/IEC 8824-3：1995，Information technology—abstract syntax notation one：constraint specification

　　　　　/∗WLAN 中可涉及使用 ISO 规定的抽象语法标识 1 的约束规范技术∗/

（44）ISO/IEC 8824-4：1995，Information technology—abstract syntax notation one：parameterization of ASN. 1 specifications

/＊WLAN 中可涉及使用 ISO 规定的抽象语法标识 1 的规范参数化技术＊/

（45） ISO/IEC 8825-1：1995, Information technology—ASN. 1 encoding rules：specification of basic encoding rules, canonical encoding rules and distinguished encoding rules

/＊WLAN 中可涉及使用 ISO 的 ASN. 1 的 BER、CER、DER 编码技术＊/

（46） ISO/IEC 8825-2：1996, Information technology—ASN. 1 encoding rules：specification of packed encoding rules

/＊WLAN 中可涉及使用 ISO 的 ASN. 1 的 PER 编码技术＊/

（47） ISO/IEC 11802-5：1997（E）, Information technology—telecommunications and information exchange between systems—local and metropolitan area networks—technical reports and guidelines—Part 5：medium access control bridging of Ethernet V2. 0 in local area networks （previously known as IEEE 802. 1H-1997［B21］8）

/＊WLAN 中可涉及使用 ISO 的 Ethernet V2. 0 的桥接技术＊/

（48） ISO/IEC 15802-1：1995, Information technology—telecommunications and information exchange between systems—local and metropolitan area networks—common specifications—Part 1：medium access control service definition

/＊WLAN 中可涉及使用 ISO 的 MAC 服务定义技术＊/

（49） ISO/IEC 15802-3, Information technology—telecommunications and information exchange between systems—local and metropolitan area networks—common specifications—Part 3：media access control bridges

/＊WLAN 中可涉及使用 ISO 的 MAC 桥技术＊/

（50） ITU-R Recommendation TF. 460-4：2002, Standard-frequency and time-signal emissions. 9 　　　/＊WLAN 中可涉及使用 ITU 的频率与时间信号技术＊/

（51） ITU-T Recommendation O. 150, General requirements for instrumentation for performance measurements on digital transmission equipment

/＊WLAN 中可涉及使用 ITU 的数字发送设备通用性能需求规定技术＊/

（52） ITU-T Recommendation Z. 100 （03/93）, CCITT specification and description language （SDL）

/＊WLAN 中可涉及使用 ITU 的规范与描述语言技术＊/

（53） ITU-T Recommendation Z. 120 （2004）, Programming languages—formal description techniques—message sequence chart

/＊WLAN 中可涉及使用 ITU 的编程语言的消息序列图的格式描述技术＊/

（54） OASIS emergency management technical committee, emergency data

exchange language distribution element，v. 1. 0. OASIS Standard EDXL-DE v1. 0，
2006　　　　/*WLAN 中可涉及使用紧急数据交换语言（EDXL）分布元素技术*/

以上来自 2014 年的 IEEE P802. 11-REVmc™/D3. 0 文件，从 WLAN 引用的
各标准名称和作用可以看出，IEEE 802. 11 的 WLAN 标准制定涉及的技术内容
是广泛的，且以兼容标准、实用为设计目的，涵盖范围几乎涉及 ISO OSI/RM 参考
模型的全部层。读者了解后，对 WLAN 标准的制定思想、目标，以及用于开发产
品、应用、理论分析都具有重要意义。读者在阅读本部分内容时，一般应同步阅读
了解各相关技术标准，这对本书的 WVphone 理解效果较好。

2.1.2　WLAN 主要技术术语

以下为本书 WVphone 系统已经涉及，或进一步开发 WVphone 系统时可能
涉及的 IEEE P802. 11-REVmc™/D3. 0 中所规定的部分主要术语。

接入控制（access control）：资源的非授权使用（unauthorized usage）预防。

接入点（access point，AP）：能够跨过无线媒介，提供包含一个站（STA）的分
布服务实体。

汇聚 MAC 协议数据单元（aggregate MAC protocol data unit，AMPDU）：包
含一个以上的 MAC 协议数据单元的结构，能由物理层转换为单个物理层服务数
据单元（PSDU）。

A-MPDU 子帧（subframe）：AMPDU 的一部分，包含界定符、选项、填充值。

关联（association）：建立（AP/STA）映射的服务，使得站具有 DSS 服务的
能力。

鉴别（authentication）：一个站的身份被建立，并可与一组站的另一个授权站
关联的服务。

鉴别服务器（authentication server，AS）：对鉴别者提供鉴别的实体，可参阅
IEEE Std 802. 1X-201014。

授权（authorization）：确定一种专门权利是否具有的活动，如是否可访问资
源、实体，可参阅 IETF RFC 2903[B32]. 15。

基本服务区（basic service area，BSA）：包含 BSS 成员的区域，也可能包含其
他 BSS。

基本服务集（basic service set，BSS）：成功同步地使用 JOIN 服务原语（service
primitive）的一组站，且一个站已经使用了 START 原语，形成了 mesh。BSS 中的
站不意味着能与其他站通信。

基本服务集迁移（切换）（BSS transition）：在相同的 ESS 中，一个站从一个
BSS 向另一个 BSS 移动。

广播地址（broadcast address）：指明全部站的一个专门组地址。

候选对等 mesh 站(candidate peer mesh station):供候选建立 mesh 对等的一个邻居站。

密码套件(cipher suite):一组算法,作用是提供数据加密、鉴别、完整性、保护。

协调功能(coordination function):在 BSS 内,用于确定一个站何时被同意传输协议数据单元操作的逻辑功能。也请读者了解混合协调功能(hybrid coordination function,HCF)和点协调功能(point coordination function,PCF),以及分布协调功能(distributed coordination function,DCF)。

依赖站(dependent station):未注册的站,它操作的参数由一个有能力的站消息提供。

目的 mesh 站(destination mesh station):MSDU 数据单元的最终目的站,也许在 mesh 站的内部或外部,参见 IEEE 802.1。

直接连接(direct link):不通过 AP,两个站进行的双向连接。一旦连接,两个站的全部帧将直接进行交换,而不通过 AP。

扩展服务集(extended service set,ESS):一组互相连接的基本服务集(BSS),通过其逻辑链路控制(logical link control,LLC)层相互关联。

扩展服务集迁移(切换)(ESS transition):在不同的 ESS 中,一个站从一个 BSS 移动到另一个 BSS。

快速迁移(切换)(fast BSS transition):以最小时间量一个站从一个 BSS 移动到一个 ESS。在站和分布式系统(DS)之间的数据连接将丢失。

快速会话转换(fast session transfer,FST):在频道之间的会话的转换,特指物理层的会话术语,指一对站直接通信。

转发信息(forwarding information):维护 mesh 站完成路径选择与转发的信息。

帧(frame):对等协议实体之间交换的数据单元。

隐藏站(hidden station):由使用载波检测(carrier sense)的其他站不能检测到的站。它的传输可能干扰第三个站。

独立 BSS(independent BSS,IBSS):不能访问 DS 的形成了自包含网络的 BSS。

基础设施(infrastructure):包含分布系统媒介(DSM)、AP、入口实体(portal entity)。它是分布逻辑位置,且是 ESS 的集成服务功能。在分布式系统内,基础设施包含一个以上 AP 和零个以上入口。

集成服务(integration service):在分布系统与局域网之间,跨过入口提交 MAC 的数据服务单元 MSDU 的服务。

mesh 基本服务集(mesh BSS,MBSS):使用相同 mesh 要求的 mesh 站组成的

基本服务集。一个 mesh 服务集包含零个以上 mesh 网关。

　　mesh 连接(mesh link)：从一个 mesh 站到另一个邻居 mesh 站的对等连接。

　　mesh 路径(mesh path)：从 mesh 源站到目的站的一组串接连接。

　　多输入多输出(multiple input multiple output,MIMO)：在物理层中的发送与接收之间,采用多天线的一种技术。

　　NAS 客户端[network access server (NAS) client]：用于鉴别服务的 NAS 客户组件。

　　不支持 QoS 的 AP(non QoS AP)。

　　重叠 BSS(overlapping BSS,OBSS)：在 BSS 中,工作在相同频道的 BSS。

　　优先服务质量(prioritized QoS)：在 MAC 协议数据单元里,被优先处理的一种服务。它是遵循 EDCA(enhanced distributed channel access)机制提供的机制。

　　保护机制(protection mechanism)：企图在物理层更新网络分配向量 NAV,进而优先传输站帧,将被视为合法的机制。

　　代理 mesh 网关(proxy mesh gate)：联系 IEEE 802 站外部的 MBSS 的中间活动过程的网关。

　　伪随机功能(pseudorandom function,PRF)：在通信中具有产生哈希数的功能。

　　正交二进制移相键控(QBPSK)：一种物理层调制方法。

　　服务质量 AP(QoS AP)：支持服务质量的 AP。

　　接收功率(receive power)：天线连接器的平均功率。

　　远程请求代理(remote request broker,RRB)：一种组件,用于跨过 DS 支持快速 BSS 迁移的站管理实体。

　　漫游联合(roaming consortium)：具有漫游合同的一组服务组合。

　　电视白空间(television white spaces,TVWS)：对应广播电视的频谱空间分配之外的机会利用,没有专门分配频谱。

　　时间单元(time unit,TU)：值为 $1024\mu s$ 的时间度量。

　　TSpec(traffic specification)：服务质量站的往返数据流的服务质量特征。

　　运输流(traffic stream,TS)：MSDU 专门用于支持数据服务的优先参数。

　　发送机会(transmission opportunity)：专门用于 QoS 的间隔时间,用于交换序列。

　　类型长度值(type/length/value,TLV)：形成标签的参数内容。

　　通配 BSS 标识(wildcard BSSID)：表示全部 BSS 标识的值。

　　先进组播重传(advanced groupcast with retries)：包含 GCR 阻塞重传和提交机制的一组特性。

　　广告协议(advertisement protocol)：用于网络和服务发现的接入访问序列和

高层协议。

基通道(base channel)：用于隧道直接对等连接中,站与 AP 关联的通道。

单向多吉比特(directional multi-gigabit,DMG)：适合在大于 45GHz 的情况下操作的频率波段。

高吞吐量 BSS(high throughput BSS)：包含高吞吐量元素、由高吞吐量站传输信标的 BSS 站。

隧道直接连接设置(tunneled direct-link setup,TDLS)：一种协议,用专门以太类型封装得到的 TDLS 帧,通过 AP 建立 TDLS 的直接连接。

甚高吞吐量 BSS(very high throughput BSS)：由包含甚高吞吐量操作元素的甚高吞吐量站,传输信标帧的一个 BSS。

伴随着 WLAN 802.11 标准的进一步演进,标准中出现的许多缩略语请参见本书附录。经验表明,在研究实现 WVphone 样机系统的过程中,研发人员正确理解位于数据链路层、物理层的 802.11 技术术语(缩略语)及其内涵,对成功研发 WVphone 样机系统具有事半功倍的效果。为了便于读者尽量精确理解这些缩略语,在本书附录中列出了这些缩略语的英文全称,供读者查阅,以分析和理解这些缩略语的内涵,用于读者在包括 WVphone 系统开发、类似的 WLAN 应用系统的研发。

2.2　WLAN 的架构

WLAN 802.11 包含几个组件,这些组件互动支持 WLAN 站移动性,以满足上层的需求,如图 2.1 所示。

BSS 是 IEEE 802.11 局域网的基本组成,每个 BSS 包括若干 STA,如图 2.2 所示,多个 BSS 构成一个 ESS。

IBSS 是 WLAN 的最基本的类型,图 2.2 为 WLAN 架构的简单表示,其中的两个 BSS 可以理解为两个 IBSS。类似地,术语 PBSS(personal BSS)可以理解为 WLAN 的一种类型,其中的站可以直接通信。PBSS 与 IBSS 的区别是 PBSS 设定了一个 PBSS 控制点(PBSS control point,PCP),PCP 通过 DMG(directional multi-gigabit)信标(beacon)等提供时间同步。一个 PBSS 只能由 DMG 站建立。不是任何 DMG BSS 都是 PBSS。一个 DMG BSS 可以是一个 PBSS 或者一个基础架构 BSS 或者一个 IBSS。一个 BSS 中的站成员是动态的。加入 BSS 成为其成员,需要使用同步机制;加入 MBSS(mesh BSS),站需要使用信标机制。

分布式系统组件用于多个 BSS 的互连,以扩大覆盖范围,如图 2.3 所示。

扩展服务集是大覆盖网络,如图 2.4 所示。ESS 是由具有相同 SSID 的 BSS 构成的,不包括 DS,其关键概念类似于 IBSS 网络,ESS 采用相同逻辑链路控制

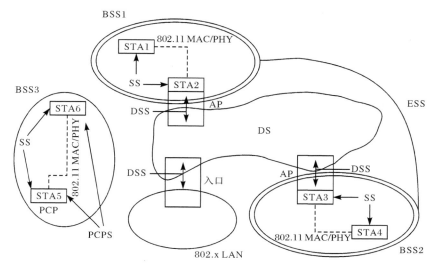

图 2.1　802.11 整体架构

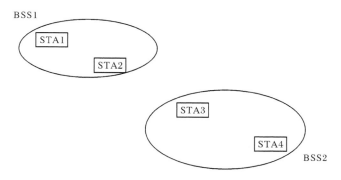

图 2.2　基本服务集

层。ESS 概念不适应于 MBSS,而成为连接 ESS 的 DS 的部分则是可以的。

　　实际应用中,STA 也常被称为网络适配器或者网络接口卡。STA 可以是移动的,也可以是固定的。每个 STA 都支持站点服务,这些服务包括鉴权、去鉴权、加密和数据传输。无线接入点可以看成一个无线集线器,它的作用是提供 STA 和现有骨干网络(有线或无线的)之间的桥接。AP 可以接入有线局域网,也可以不接入有线局域网,但在多数时候 AP 与有线网络相连,以便能为无线用户提供对有线网络的访问。

　　WLAN 802.11 中还规定了中心协调服务集(centralized coordination service set,CCSS)和扩展中心 AP 或个人控制点汇聚(extended centralized AP or PCP clustering,ECAPC);用户服务提供者网络(subscription service provider net-

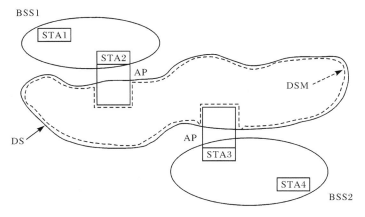

图 2.3　分布式系统

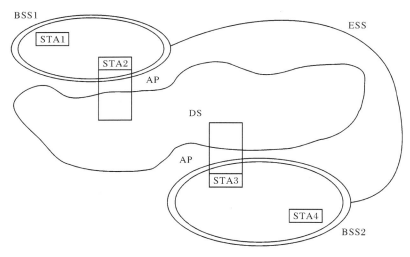

图 2.4　扩展服务集系统

work,SSPN)接口;包含 mesh 站(mesh STA)、mesh 网关(mesh gate)、入口(por-tal)的 mesh 基本服务集和跨 MBSS 的 MAC 数据传输(MAC data transport over a MBSS);用于音视频的 DMG 和多 AP 模式等分别见图 2.5~图 2.9。更多规定限于篇幅,本书未全部列出,读者可参考 ISO 和 IEEE 近年(2012 年之后)发布的 WLAN 802.11 各版本规范的相关内容。

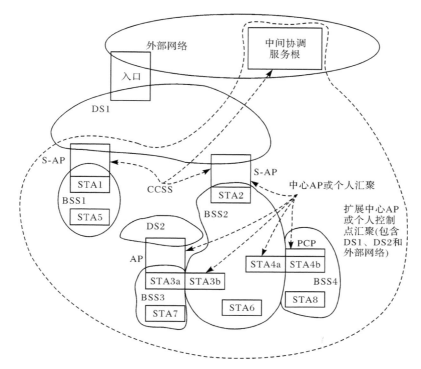

图 2.5　中心协调服务集、扩展中心 AP 或个人控制点汇聚

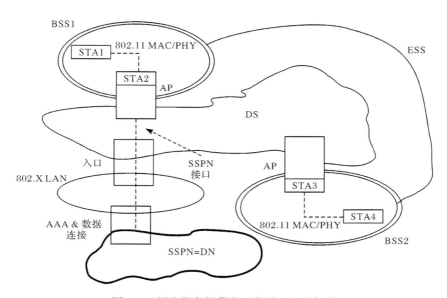

图 2.6　用户服务提供者网络接口服务架构

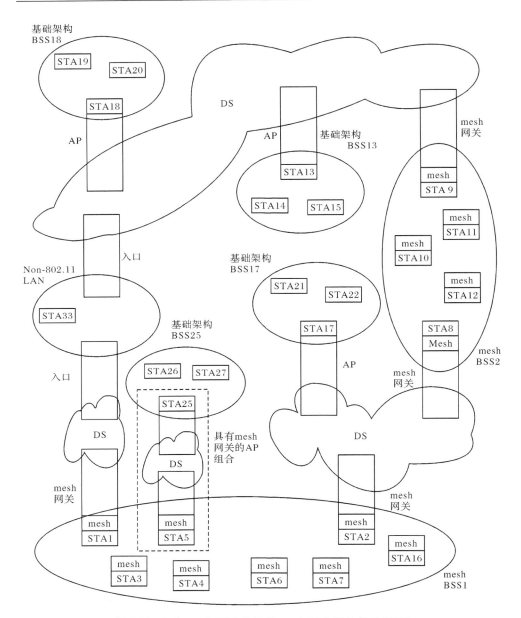

图 2.7 包含 mesh 网关入口的 mesh 基本服务集（MBSS）

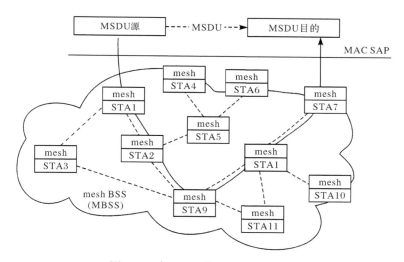

图 2.8　跨 MBSS 的 MAC 数据传输

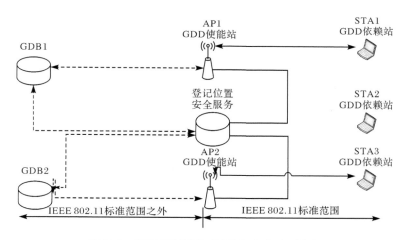

图 2.9　用于音视频的多 DBG 和多 AP 模式

2.3　WLAN 的 802.11 物理层/MAC 实体逻辑功能

ISO/IEC 的开放系统参考基本模型[1,2]是至今为止一切信息系统间互连,进而构成各种信息网络进行信息交换的基础,我国公布的国家标准 GB/T 9387.1—1998(信息技术 开放系统互连 第 1 部分:基本参考模型)也遵从该基础。

WLAN 802.11 标准主要定义的是工作在该参考模型的物理层、数据链路层,支持在无线媒介的局部地域进行信息交换的规范。2012 版的 802.11[3]标准中给出了物理层/MAC 层主要实体的逻辑功能,实现的有些效果是先前版本不具备的,如图 2.10 所示。

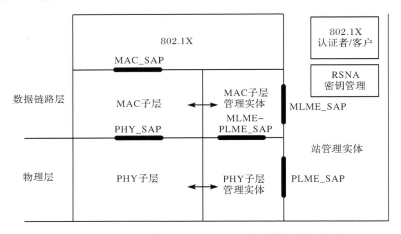

图 2.10　WLAN 遵从 ISO/OSI RM 参考模型的示意图

　　图 2.10 为 WLAN 802.11 规范,遵从 ISO/OSI RM 参考模型的示意图,图中强调两部分:数据链路层的子层——MAC 层、物理层。

　　图 2.11 为 802.11 的互工作参考模型,该模型由实体、MAC 状态专属汇聚功能(MAC state generic convergence function,MSGCF)存取全部 MAC 层和物理层的管理信息,以提供支持高层实体(如移动管理,以支持异构介质移动等)。

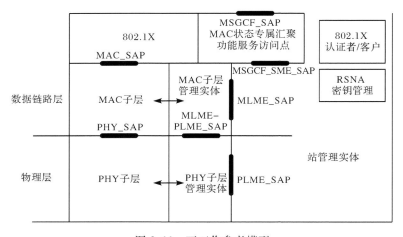

图 2.11　互工作参考模型

　　图 2.12 为 802.11 支持多 MAC 子层的参考模型,站共享相同的天线。每个 MAC 子层具有分开的 MAC 服务访问点。

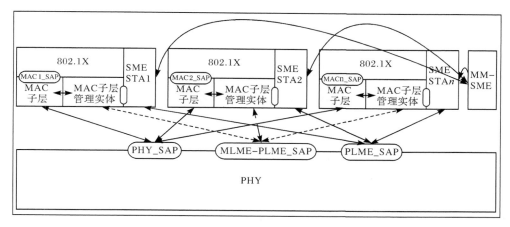

图 2.12　802.11 支持多 MAC 模型

图 2.13 为 802.11 支持多物理层（波段）的架构，可以以同步或非同步方式管理多个频段，实现频段隧道（on-channel tunneling，OCT）操作等。

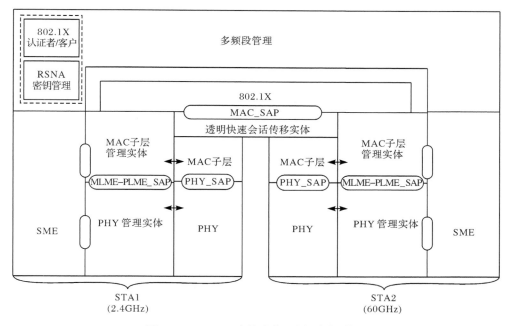

图 2.13　802.11 支持多物理层（波段）模型

2.4 802.11 技术特点演进过程

WLAN 802.11 标准从 1997 年 6 月公布起,其采用的技术特点经历了多个版本的演进。从该标准的作用和时间上来划分,其演进过程大致可以分为 6 个阶段。

第 1 阶段:允许 WLAN 及无线设备制造商在一定范围内建立互操作网络设备,任何 LAN 应用、网络操作系统或协议(包括 TCP/IP 和 Novell NetWare)在遵守 IEEE 802.11 标准的 WLAN 上运行时,就像它们运行在以太网上一样容易。物理层定义了数据传输调制方法:直接序列扩频技术(direct sequence spread spectrum,DSSS)和跳频扩频技术(frequency hopping spread spectrum,FHSS)。DSSS 采用一个长度为 11bit 的 Barker 序列来对无线方式发送的数据进行编码。如果使用二进制相移键控(BPSK)调制技术,可以以 1Mbit/s 的速率进行发射;如果使用正交相移键控(QPSK)调制技术,那么发射速率可以达到 2Mbit/s。FHSS 利用 GFSK 二进制或四进制调制方式可以达到 2Mbit/s 的工作速率。MAC 层采用碰撞回避(CA)协议,以尽量减少数据的传输碰撞和重试发送,防止各站点无序争用信道。CSMA/CA 基本上是一种 p 持续机制,即一个站点在发送之前,要先监听信道,信道空闲时,以概率 p 传送数据。

第 2 阶段:在以太网技术传输速率为 10Mbit/s、100Mbit/s,乃至 1000Mbit/s 的情况下,为了提升 WLAN 的数据传速速率,IEEE 于 1999 年 9 月批准了 IEEE 802.11b 标准,IEEE 802.11b 对 IEEE 802.11 标准进行了修改和补充,提升速率到 5.5Mbit/s 或 11Mbit/s。其抛弃了原有的 11 位 Barker 序列技术,而采用 CCK (complementary code keying)技术,它的核心编码中有一个由 64 个 8 位编码组成的集合。5.5Mbit/s 使用 CCK 串来携带 4 位的数字信息,而 11Mbit/s 的速率使用 CCK 串来携带 8 位的数字信息。802.11b 还采用了动态速率调节技术,允许用户在不同的环境下自动使用不同的连接速度来补充环境的不利影响。802.11a 工作在 5GHz U-NII 频带,物理层速率可达 54Mbit/s,能有效降低多径衰落影响与有效使用频率的正交频分复用(OFDM)。

第 3 阶段:由于 IEEE 802.11a、802.11b 标准之间频段与调制方式的不同使得两者不能互通,新增的 IEEE 802.11g 标准兼容 IEEE 802.11b 的 MAC,实现了所有 IEEE 802.11b 所必要的功能并保证兼容、可交互,还包括 2.4GHz 波段的融合,从而在 2.4GHz 频段获得更高的速率。

第 4 阶段:在 IEEE 802.11、802.11b、802.11a、802.11g、802.11e、802.11f、802.11h、802.11i、802.11j 等标准逐步发布后,WLAN 依然存在带宽不足、漫游不方便、网管不强大、系统不安全等问题,很难进一步发展,于是 802.11n 应运而生。

在传输速率方面,802.11n 得益于将 MIMO 与 OFDM 技术相结合而应用的 MIMO OFDM 技术。802.11n 使 WLAN 传输速率提升约 10 倍,而且可以支持高质量的语音、视频传输,这为 WVphone 的应用打下了底层技术基础。

在覆盖范围方面,802.11n 采用智能天线技术阵列动态调整波束,以保证 WLAN 用户接收到稳定的信号,扩大覆盖范围,提升移动性。

在兼容性方面,802.11n 基于软件无线电技术,使得不同系统的基站和终端都可以通过不同软件实现互通和兼容,这使得 WLAN 的兼容性得到极大改善。这意味着 WLAN 将不但能实现 802.11n 向前后兼容,而且可以实现 WLAN 与无线广域网络的结合,如 3G。

802.11n 的 MIMO OFDM 技术采用阵列天线实现空间分集,提高了信号质量,利用时间、频率和空间三种分集技术,使无线系统对噪声、干扰、多径的容限大大增加,涉及的关键技术包括发送分集、空间复用、接收分集、干扰消除、软译码、信道估计、同步、自适应调制和编码等。

第 5 阶段:802.11ac 是新一代无线网络技术标准,它的出现是为了满足现代网络设备对高传输速率的要求。802.11ac 网络通过安装更多的天线,增加空间信息流的数量,采用更高密度的调制方式,以及增加传输带宽等方式大大提高了物理层数据的传输速率。通过在 MAC 层定义新的协议,保证物理层数据传输速率的实现,从而使整个网络的传输速率至少达到 1GHz 以上,能和以前的 802.11a/n 网络很好地共存,为用户体验网络服务提供了更多选择,工作在 5GHz 频带,具有更高的通道带宽,支持 80MHz 的频宽,可选择使用连续的 160MHz 频带,或者不连续的(80+80)MHz 频带。频宽的提升带来了可用数据子载波的增加,最大化了子载波数量。具有更高阶的调制(256 QAM)和更多的空分流(8 路空间流)。增强的 MAC 改进,支持健壮(robust)音视频流应用。

第 6 阶段:IEEE 802.11af™—2013 是电视空白频段(television white spaces,TVWS)利用技术的标准。与前述的 WLAN 现有技术相比,电视空白频段的频率要低很多,不会被水吸收,所以在同样的功率下传播距离与速率比 802.11n 大得多。具有更大传输速率的 60GHz 的 WLAN 技术,也在标准组织讨论研究范围内。

本书以介绍 WVphone 为主要目的,且限于篇幅,关于 802.11 标准的技术特点所涉及的原理,读者可参阅相关文献材料,以了解更多细节。

2.5　WLAN 的安全

近年来,WLAN 发展的势头越来越猛,它接入速率高,组网灵活,在传输移动数据方面尤其具有得天独厚的优势。但是,随着 WLAN 应用领域的不断拓展,其安全问题也越来越受到重视。在有线网络中,可以清楚地辨别哪台计算机连接在网线上。无线网络与此不同,理论上无线电波范围内的任何一台计算机都可以监听并登录无线网络。如果企业内部网络的安全措施不够严密,则完全可能被窃听、浏览甚至操作电子邮件。为了使授权计算机可以访问网络而非法用户无法截取网络通信,WLAN 安全就显得至关重要。

目前使用的 802.11 标准提供了认证和加密两方面的规范定义,定义了两种认证服务:开放系统认证(open system authentication)和共享密钥认证(shared key authentication)。其中开放系统认证是 802.11 的缺省认证方法,包括提出认证请求和返回认证结果两个步骤。在共享密钥认证方法中,共享密钥通过独立于 IEEE 802.11 的安全信道分发给各个 STA 和 AP,它既可以对已知共享密钥的无线站点成员提供认证服务,也可对不知道共享密钥的无线站点成员提供认证。

802.11 标准早期定义的加密规范是 WEP(wired equivalent privacy)。WEP 意在为无线网络提供与有线网络对等的安全保护。在无线网络中,由于数据通过天线以广播方式传输,所以如果没有一定的加密保护措施,信号非常容易被入侵者截取。

2.5.1　认证

802.11 标准拥有两种认证服务,使用 MAC 帧的认证算法码(authentication algorithm number)字段标识其所属的认证类型。使用认证算法码的值来区别不同的认证类型,0 代表开放系统认证类型,1 代表共享密钥认证类型。同时使用认证处理序列号(authentication transaction sequence number,ATSN)来指示认证过程中的当前状态。

1) 开放系统认证

开放系统认证使用明文传输,包括两个通信步骤。发起认证的 STA 首先发送一个管理帧表明自己身份并提出认证请求,该管理帧的认证算法码字段值为 0,表示使用开放系统认证,认证处理序列号字段值为 1。随后,负责认证的 AP 对 STA 作出响应,响应帧的认证处理序列号字段值为 2。

开放系统认证允许对所有认证算法码字段为 0 的 STA 提供认证,在这种方式下,任何 STA 都可以被认证为合法设备,所以开放系统认证基本上没有安全保证。

2) 共享密钥认证

共享密钥认证需要在 STA 和 AP 之间进行四次交互,使用经 WEP 加密的密文传输。

(1) 发起认证的 STA 发送一个管理帧表明自己的身份并提出认证请求,该管理帧的认证处理序列号字段值为 1。

（2）AP 作出响应，响应帧的认证处理序列号字段值为 2，同时该帧中还包含一个由 WEP 算法产生的随机挑战信息（challenge text）。

（3）STA 对随机挑战信息用共享密钥进行加密后发回给 AP，这一步骤中，认证处理序列号字段值为 3。

（4）AP 对 STA 的加密结果进行解密，并返回认证结果，认证处理序列号字段值为 4。在这一步骤中，如果解密后的随机挑战信息与第（2）步发送的原随机挑战信息相匹配，则返回正的认证结果，即 STA 可以通过认证加入无线网络；反之，认证结果为负，STA 不能加入该无线网。

在有线局域网中，物理安全性可以用于防止未授权访问。但是在无线网络中，由于媒介物理边界的不确定性而不能防止未授权访问。IEEE 802.11 通过认证服务提供对局域网的访问控制。认证服务被所有 STA 用来确定与其通信的对方站点的身份，对于 ESS 和 IBSS 两种网络都如此。如果两个 STA 之间没有建立相互可接收的认证级别，关联则不能建立。以下为 STA 建立关联的大致过程，关联之后 STA 才能正常传输应用数据，这些数据可能是上层的视频流等。

STA 在收到关联请求原语 MLME-ASSOCIATE. reques + 后，将按照如下过程与 AP 建立关联关系。

（1）STA 向已经鉴权的 AP 发送关联请求。

（2）如果 STA 在发送关联请求后，收到状态值为"成功"的关联应答帧，则此 STA 已经与 AP 成功建立关联关系，此时媒介访问控制子层管理实体（MLME）将发出一条关联证实原语 MLME-ASSOCIATE. confirm 指示此类关联请求的成功完成。

（3）如果 STA 在发出关联请求后收到的关联应答帧状态值不是"成功"，而是其他值，或者关联请求超时，则该 STA 未与 AP 成功关联。此时 MLME 将发送 MLME-ASSOCIATE. confirm 指出此次关联请求失败。

STA 在收到重新关联请求原语 MLME-REASSOCIATE. request 后，将按如下过程与 AP 建立重新关联关系。

（1）STA 发送一个重新关联请求帧到将要建立关联关系的 AP。

（2）如果 STA 在发出重新关联请求后，收到状态值为"成功"的关联应答帧，则此 STA 已经与 AP 成功建立关联关系，此时 MLME 将发出一条实体重新关联证实原语 MLME-REASSOCIATE. confirm 指示此类关联请求的成功完成。

（3）如果 STA 在发出重新关联请求后收到的关联应答帧状态值不是"成功"，而是其他值，或者重新关联请求超，则该 STA 未与 AP 成功关联。此时 MLME 将发送重新关联证实原语 MLME-REASSOCIATE. confirm 指出此次关联请求失败。

2.5.2　加密

与传统有线网络不同,在无线网络中,由于数据在空气介质中自由传输,导致非法用户很容易侦测并截获分析传输的数据,因此,WLAN 中数据传输要进行数据加密处理。为了使 WLAN 能有 LAN 那样的安全效果,WLAN 采用了 WEP 技术。通常衡量一个安全标准有三个指标,即防窃听、防篡改、防非法接入[4],其具体如下。

(1)防窃听:防止数据在 WLAN 中传输的过程中被监听。

(2)防篡改:防止攻击者篡改 WLAN 中传送的数据。

(3)防非法接入:丢弃没有使用 WEP 加密的数据包,保证只允许有权限的用户接入 WLAN。

WEP 技术很好地完成了这三方面的要求。

当 802.11 安全功能启用以后,每个无线站与基站共享一个秘密密钥,WEP 标准并没有规定如何分发这些密钥。这些密钥可以由厂商预先安装,也可以通过有线网络提前进行相互交换。最后,无论基站还是用户机都可以选取一个随机密钥,并利用对方的公匙来加密此随机密钥,然后通过空中信道发送给对方。一旦建立起共享密钥,它们通常将保持数月或数年不变。

WEP 的目的是提供数据链路层级别的加密操作。为了使算法能够达到很高的加解密效率,WEP 采用基于对称密钥加密的 RC4 算法[5],数据的加密和解密采用相同的密钥和加密算法。WEP 使用加密密钥(也称为 WEP 密钥)加密 WLAN 中的每个数据包的数据部分。加密后,两个 WLAN 设备要进行通信,必须拥有相同的加密密钥,在传输数据时,相互利用其来加密和解密,如图 2.14 所示。

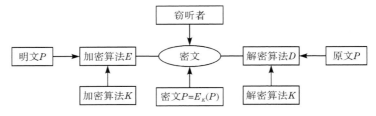

图 2.14　WEP 加密和解密过程

需要加密的消息称为明文,它经过一个以密钥为参数的函数转换,这个过程称为加密,输出的结果称为密文,然后密文以无线电波的方式传送出去,接收站收到该密文后,经过以解密算法为函数的转化,这个过程称为解密,输出的结果就是原文了。

同样,窃听者很有可能在数据通过无线电波传送的过程当中听到了所有的密文,并且将密文精确地记录了下来。但是与接收者不同的是他们并不知道解密密钥,所以无法轻易对密文进行解密,但如果他们是这方面的专家,则可能经过一段时间破解出原文,造成数据信息的泄露,或者他们会对这些信息进行篡改,使真正的接收方收到的是错误的信息。WEP 中的加密操作使用了一个基于 RC4 的算法,它的安全性也是由 RC4 来实现的。RC4 是由 Rivest 设计的,它原来一直是保密的,直到 1984 年被泄露后才为人所知。RC4 的设计目标是保护知识产权,而不仅是为了提高安全性。RC4 为一个流密码系统,流密码系统是一种将一个密钥扩展成由完全伪随机数组成的任意长的密钥流,加密是生成的密钥流和原文异或运算得到的密文。解密则是密钥 K 和初始变量 V 共同生成的密钥流和密文进行异或运算得到原文。图 2.15 是经过 WEP 加密的数据帧结构。

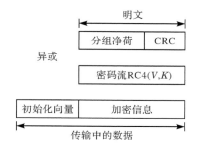

图 2.15　经过 WEP 加密的数据帧结构

RC4 算法的内部设置了一个秘密的转换列表,它是由 $N=2^n$ 个所有可能的 n 位字和两个索引变量组成的。

RC4 算法由密钥调度算法 KSA 和伪随机数生成算法 PRGA 两部分组成。其中,KSA 算法的功能是将密钥映射成伪随机生成器的初始化状态,完成 RC4 算法的初始化,其代码如下:

```
KSA(K)
    Initialization:
For i=0,1,2,…,N-1
    S[i]=i;
    j=0;
Scrambling:
For i=0,1,2,…,N-1
    j=j+S[i]+K[i mod l];
Swap(S[i],S[j]);
```

PRGA 为 RC4 算法的核心,用于产生与明文相异或的伪随机数序列,其代码如下:

```
PRGA(S)
    Initialization:
j=0;
i=0;
    Generation loop:
i=i+1;
j=(j+S[i]) mod l
Swap(S[i],S[j]);
Output z=S(S[i]+S[j])
```

下面接着简单讨论 WEP 是如何对 WLAN 中的数据进行加密和解密的。

加密过程如图 2.16 所示,报文 M 在被加密前首先采用 CRC-32 算法进行完整性校验,产生校验和 $c(M)$,将 M 和 $c(M)$ 合并就得到待加密的明文 P,WEP 采用 RC4 算法,根据选定的 IV 和密钥 Key 产生一个密钥串(Keystream),再使用这些密钥串和明文进行异或运算产生密文 C,即

$$P=(M,c(M)),\quad Keystream=RC4(IV,Key),\quad C=P \oplus RC4(IV,Key)$$

发送的时候 IV 以明文和密文的形式一起传输,否则接收器无法建立 RC4 引擎用于解密。

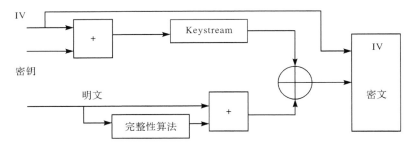

图 2.16　WEP 加密过程

解密过程如图 2.17 所示。接收端根据收到的 IV 和共享密钥 Key 重新生成密钥串并与接收到的密文 C 进行异或操作,得到明文 P'。接收端将 P' 分为报文 M' 和校验和 c' 两部分。根据报文 M' 重新计算其校验和 $c(M')$,然后与接收的校验和 c' 比较,只有匹配的报文才被接收

$$P'=C \oplus RC4(IV,Key)=(P \oplus RC4(IV,Key)) \oplus RC4(IV,Key)=P$$

从以上简单讨论的 WEP 机制下对 WLAN 中的数据进行加密和解密的过程可以看出,WEP 方法有一定的加解密效果。

虽然使用 WEP 起初在 WLAN 中获得了很好的效果,但是人们在以后的使用过程当中陆续发现了它的安全缺陷。其核心算法 RC4 被证明存在着很大的弱点,

在一些场合下影响到了 WEP 的安全性,其弱点主要表现在三方面。

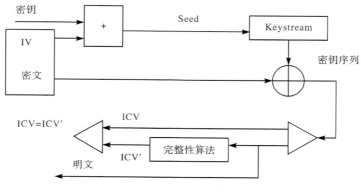

图 2.17　WEP 解密过程

1) 密钥流的重复利用

由于许多 WLAN 为所有的用户提供相同的共享密钥,密钥往往在一段较长的时间里保持不变,所以 WEP 建议每个分组都应该改变 IV,以免遭受到密钥流重复利用的打击,可是许多笔记本计算机的 802.11 接口卡每次被插入计算机当中的时候总是将 IV 值处理为 0,然后在发送每个分组的时候将 IV 增加 1,由于人们经常会拔出这些接口卡,再重新插进去,导致低 IV 的分组很常见,如果攻击者向某个用户发送具有相同 IV 值的几个分组,那么他就可能计算出两个明文值的异或结果,从而可能通过这种发现破解此密码算法。

即使 802.11 接口卡为每一个分组选取了一个随机的 IV,该 IV 也只有 24 位,所以在发送了 24 位代表的分组以后,IV 必须被重复使用。更糟糕的是,若随机选择 IV,在同一个 IV 被使用两次之前所发送的分组的期望个数大约是 5000(也就是说,平均发送了 5000 个分组以后就会重复使用一个 IV)。因此,当攻击者监听几分钟后,就很有可能抓住两个使用相同 IV 和同样密钥的分组。他只需要将两个密文做异或操作就可以得到两个明文的异或值。利用各种方法对这个位序列进行攻击可恢复出两个明文来,甚至进一步窃听分析之后还可以得到此 IV 的密钥流。按照同样的方法继续做一段时间的工作,就可以构造出一个字典,其中包含针对各个 IV 的密钥流。一旦其中某个 IV 被成功破解,则所有采用此 IV 的分组都可能被解密出来。

2) 数据信息被修改

WEP 使用完整性校验码来确定数据包在传送过程当中是否被修改过,该校验码是 CRC-32 中的一种,且被作为密文的一部分进行传输,但是由于 CRC 校验码本身只是被设计用于在数据传输过程当中进行纠错操作,所以在防止攻击者篡改信息和检验信息的完整性方面并不能达到预期的目标。攻击者可以在不被校验码发觉的情况下对 WLAN 中的信息进行修改,例如,攻击者在 WLAN 无线电波范围内截获了密文 C,而密文 C 是由原文 M 加密得到的,即 $C=(M,c(M))\oplus RC4(IV,Key)$。攻击者任意选择一个修改参数 T,根据该参数对截获的密文 C 进行修改,得到新的密文 C',C' 中包含修改过的原文 M',然后用 C' 代替 C 在信道中传输,从而被接收站收到。在这个过程当中,CRC 校验码根本就没有觉察。

　　3) 接入控制

　　WEP 的数据完整性校验码也能同时用来检验接收到的数据包,是否用正确的 RC4 密钥流来实现的,从而达到接入控制的目的,但是校验码的计算并不是保密的,因此攻击者只要获得了原文的某一个片段和该片段的密文,就可以避开校验码接入 WLAN 当中,这是由于 WEP 的接入控制是通过校验码来检验数据包是否是正确的 RC4 密钥流加密来实现的,所以如果能复原一个合法的密钥流,那么接入 WLAN 当中就成为可能。假设获得的原文为 M,密文为 C,那么

$$M \oplus C = M \oplus (M \oplus RC4(IV,Key)) = RC4(IV,Key)$$

从而得到一个合法的密钥流,然后攻击者就可以构造自己的信息在 WLAN 中发送,因此仅仅依靠校验码根本无法提供可靠的接入控制,在实际应用当中还需要使用 MAC 来从硬件上完成接入控制。

　　针对 WEP 出现的问题,人们正在寻找更加安全稳定的技术来解决,其中 802.11i 就提供了更好的安全性。

2.5.3　802.11i

　　2004 年 6 月 24 日,IEEE 发布了新的 WLAN 标准 802.11i,它是 IEEE 802.11 的补充。不同于之前通过的 802.11a/b/g 用于传输的标准,802.11i 是一种安全加密标准,因此 802.11i 能与 802.11a/b/g 并存。IEEE 802.11i 安全标准实际上是把 1999 年制定的 IEEE 802.1X 安全标准引入了 WLAN。它在加密处理中引入了临时密钥完整性协议(temporal key integrity protocol,TKIP),从固定密钥改为动态密钥,虽然还是基于 RC4 算法,但比采用固定密钥的 WEP 先进。除了密钥管理以外,它还具有以可扩展认证协议(extentive authenticated proto-col,EAP)为核心的用户审核机制,可以通过服务器审核接入用户的 ID,在一定程度上可避免黑客非法接入。由于加密算法相同,所以现有设备可同时兼容和升级 IEEE 802.11i 标准,因此在安全保障上也有所折扣——基于用户名和密码的身份凭证就显然不如 WAPI 采用的数字证书方式可靠。

　　802.11i 是对 WLAN 安全标准的升级,增加了高级加密标准(advanced encrypyion standard,AES)安全协议,以代替作为过渡协议的 WiFi 保护接入协议 (WiFi protect access,WPA)。

　　IEEE 802.11i 规定使用 802.1X 认证和密钥管理方式,在数据加密方面,定义

了 TKIP、计数器模式及密码分组链接-报文鉴别（counter-mode/CBC-MAC proto-col,CCMP）和无线健壮安全认证协议（wireless robust authenticated protocol,WRAP）三种加密机制。其中,TKIP 采用 WEP 机制里的 RC4 作为核心加密算法,可以通过在现有的设备上升级固件和驱动程序的方法达到提高 WLAN 安全的目的。CCMP 机制基于 AES 加密算法和 CCM 认证方式,使得 WLAN 的安全程度大大提高,是实现健壮安全网络（robust safety network,RSN）的强制性要求。AES 对硬件要求比较高,因此 CCMP 无法通过在现有设备的基础上进行升级实现。WRAP 机制基于 AES 加密算法和 OCB（offset codebook）,是一种可选的加密机制。

802.11i 协议结构如图 2.18 所示,其中上层认证协议使用基于 EAP 的各种认证协议来完成用户的接入认证。802.11i 默认采用传输层安全协议（transport layer security,TLS）,这是一种基于接入点和移动站点所拥有的数字证书进行双向认证的协议。协议的中间部分是 802.1X 端口访问机制,用于实现合法用户对网络访问的授权,协议的下层是由 IEEE 802.11i 规定的用于保证通信机密性和完整性的机制,包括 TKIP、CCMP 和 WRAP 三种机制,其中最重要的是 CCMP。

图 2.18　802.11i 协议结构

IEEE 802.11i 采用 IEEE 802.1X 定义的基于端口的网络访问控制模型来控制用户对网络的访问,并实现密钥的分发与管理。典型的访问控制系统如图 2.19 所示,网络接入控制系统由申请者（supplicant）、认证者（authenticator）、鉴别服务器（authentication server）三个实体构成。

在提供 WLAN 安全方面,IEEE 802.11i 提供了 TKIP、CCMP 和 WRAP 三种机制,根据对它们前景的分析,WRAP 的前景并不被业界看好,因此本章只介绍 TKIP 和 CCMP 两种加密机制。

1) TKIP

WEP 机制中使用的是 TKIP,该协议虽然仍采用 RC4 算法,但有很多新的特征,并且针对 WEP 的安全漏洞作了很大改进,引入了四个新算法:①每包密钥构造机制;②加密信息完整性代码;③扩展的 48 位初始化向量（IV）和 IV 顺序规则（IV sequencing rule）;④密钥重新获取和分发机制。

TKIP 是一种密钥发放与管理机制,其将密钥首部长度由 24 位扩充到 48 位,使得到的密钥的安全性更强。对数据加密的密钥是由可信的第三方鉴别服务器

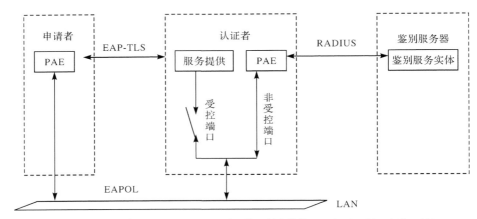

PAE-端口访问实体；　RADIUS-远程认证拨入服务协议；　EAPOL-EAP 上的 LAN

图 2.19　IEEE 802.1X 端口访问控制

动态生成并发放到通信双方的,同时密钥定时更新,消除了传统的静态密钥机制的安全漏洞。

目前 TKIP 使用的是 IEEE 802.1X(基于端口的网络控制模型)鉴别架构,当用户的身份被成功鉴别后,鉴别服务器产生一个用于和该客户端通信的会话密钥。鉴别服务器使用该会话密钥在与鉴别成功的用户的会话的过程中,为每个无线通信数据报文加密。虽然 TKIP 仍然使用的是对称密钥机制的 RC4 算法,但由于 TKIP 使得传统的单一静态密钥协议的密钥空间大大增加,且 TKIP 密钥的动态性理论上具有不可逆算性,所以 WLAN 的安全性得到很大的增强。

TKIP 使用 MIC-Michael 算法作为其代码完整性算法,该算法拥有很强的检查代码完整性的能力。该算法主要包括:预共享密钥 K,该密钥用于通信双方发送数据的完整性校验;MIC 产生器;校验值比较器。MIC 生成函数和发送方发送的报文被一起计算发送,接收方由校验器根据预共享密钥 K 和报文重新计算 MIC,并与收到的 MIC 比较,如果相等则认为报文没有被篡改,反之则认为报文被篡改,此时将报文丢弃,增加被篡改报文的计数器的值。被篡改报文计数器的值通常设置一个阈值,超过该阈值时,认为网络被攻击,通信会话将会终止。

由于传统的 WEP 中的完整性检测向量(initialization checked vector,ICV)无法防止重放攻击(replay attack),TKIP 专门设计了一种方案来防止重放攻击。它将 WEP IV 域值作为发送报文的序列号,TKIP 在进行密钥通告时,通信双方的序列号将会被初始化为零,以后通信过程中,每发送一个报文,序列号将会加 1,如果某一通信方检查收到的报文,并发现其序列号小于或者等于已收到的某个报文序列号,那么认为遭到重放攻击,此报文将会被丢弃,同时,重放攻击计数器加 1。

TKIP 将报文序列号与密钥相关联,而不再单一地使用传统的 MIC 密钥,针对 RC4 中存在的漏洞，TKIP 使用 PTK（暂时对密钥）和 GTK（暂时组密钥）作为基密钥，通过使用两个阶段的密钥混合，将产生一个复杂的新密钥的方法来解决，其过程如图 2.20 所示。

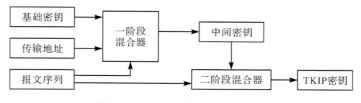

图 2.20　TKIP 密钥的生成过程

密钥的重获和分发机制是 TKIP 的另外一个特征，其密钥结构如图 2.21 所示，最下层的暂时由两个密钥组成，即一个 128 位的数据加密密钥和一个用于计算 MIC 的 64 位密钥，所以每个双向安全通信需要两队 PTK。TKIP 的密钥构建机制最多可以为每个密码产生 216 个不同的 IV，这就需要一种密码更新机制来保证最多发送 216 个报文后能够使用新的密钥，为了分配和同步密钥的更新，TKIP 需要密钥保护密钥，以保护被传输的用于构建新的暂时密钥的信息，这就是位于密钥结构中层的密钥保护密钥。位于最上层的是主密钥，它在用户接入认证通过时，由鉴别服务器分发给接入点和移动站点，它是接入点和移动站点共享的会话密钥，也是其他密钥形成的基础。

图 2.21　TKIP 的密钥结构

2) CCMP

CCMP 的核心加密算法采用了 128 位的计数模式 AES 算法，能够抵抗重放攻击，并且使用了密码分组链接-报文鉴别码（cipher block chain-massage authentication code，CBC-MAC）算法，也可以保证信息的完整性。CBC-MAC 是一种通用块加密认证模式，在使用的时候需要对认证域的大小 M 和长度域的大小 L 两个参数进行选择，权衡安全性与开销。CCMP 选择 M 为 8 个 8 位组，L 为 2 个 8 位组。另外，CCMP 需要每个会话都使用一个新的暂时密码，每个报文含有不同的序列号，所以能够防止重放攻击，而且具有很好的抗密码分析攻击能力。

CCMP 封装一个明文报文鉴别码（massage authentication code，MAC）报文协议数据单元（message protocol data unit，MPDU）的过程如图 2.22 所示，步骤如下。

（1）报文序列号加 1。

（2）利用 MAC 头中需要认证的数据来构建附加认证数据（added authentication data，AAD）。

（3）由报文序列号、第 2 个地址域和 MPDU 的优先级来构建块加密链，加密所需要的 IV。

（4）把 PN（伪随机码）与密码组标识符编码后加入 CCMP 头中。

（5）使用暂时密钥、IV 对 ADD 和 MPDU 加密，构建数据密文和信息完整性码。

（6）连接原始 MAC 头、CCMP 头、加密的数据和报文标识符（message identification code，MIC），构成待发送的密文 MPDU。

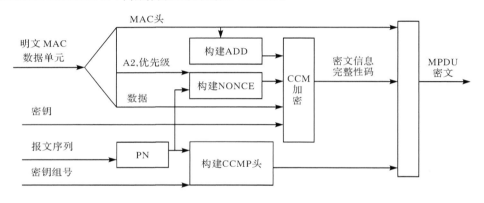

A2-第二个地址域的内容

图 2.22　CCMP 的封装过程

作为 WLAN 中新一代的安全标准，802.11i 提供了相当高的安全性，但 802.11i 是一个发展中的协议，依然存在一些问题，例如，没有对各种拒绝服务攻击提供保护，以及验证所需要的数字证书的发放和管理、用户漫游带来的安全问题和 Ad hoc 模式的安全等问题，这些都是 WLAN 中亟待解决的问题。

2.6　本 章 小 结

本章介绍 WLAN，以 IEEE 802.11 及其系列标准作为讨论范围，是因为其被全球用户广泛使用。本章中笼统地称 802.11 为 WLAN 标准。

工作于物理层、MAC 层的 WLAN 传输技术从提出之后，经历了多次发展与演进，形成了一系列标准。因此，有理由相信 WLAN 技术会不断完善，新的 WLAN 技术标准将不断涌现。无论先期公布的 IEEE 802.11a/b/d/g/h/i/j/e/k/

r/y/w/p/z/v/u/s,还是近年的 802.11ae/aa/ad/ac/af 标准,都说明了这一发展趋势。802.11 支持局域网范围的无线传输优势,目前在全球未看到被其他技术替代的倾向,在可预测的时间内将一直表现出极强的技术生命力,其具有能够高速传输数据的主要优势和其他逐步完善的能与其他传输技术相媲美的优势,这些是保证其旺盛生命力的关键。

但随着 WLAN 的广泛应用,其自身的安全性缺陷也逐步暴露出来,并成为其应用中不得不面临和要解决的问题。

参 考 文 献

[1] (ISO) Open Systems Interconnection (OSI) Basic Reference Model-ISO/IEC 7498-1:1994.

[2] 国家标准信息技术开放系统互连 第 1 部分:基本参考模型(GB/T 9387.1—1998).

[3] IEEE P802.11-REVmc™/D3.0. Wireless LAN medium access control(MAC) and physical layer (PHY) specifications,draft standard for information technology—telecommunications and information exchange between systems local and metropolitan area networks—specific requirements,2014.

[4] GB 15629.11. 信息技术系统间远程通信和信息交换局域网和城域网特定要求 第 11 部分:无线局域网媒体访问控制和物理层规范.

[5] 胡宁. 基于 WEP 协议的无线网络安全机制的探讨. 南京:南京邮电大学硕士学位论文,2012.

第 3 章　WVphone 终端设计概要

前面从 WVphone[1] 的概述和 WLAN 标准两个方面进行了综合性的介绍,使读者对于 WVphone 有了总体的认识,在此基础上,也许读者已迫不及待地想进行 WVphone 系统的设计实现。本章对 WVphone 系统的设计进行概要性介绍。WVphone 的设计与实现是一项系统工程,整个 WVphone 系统的设计不论从硬件方面还是从软件方面,都涉及许多技术问题。通过本章的介绍,读者会对 WVphone系统有一定了解,同时本章也是读者掌握本书后续章节内容的基础。

3.1　WVphone 总体概述

WVphone 是 WLAN 环境下基于多媒体会话信令控制协议的,并支持无线局域网安全标准的,可进行音视频通信的多媒体电话终端系统。

WVphone 并不只能用于 WLAN,它也可通过以太网接到骨干网得到应用。结合骨干网,可以实现任何可达网络间用户的互通。参考 GB 15629.11—1999 标准中关于 ESS 架构,WVphone 应用参考模型如图 3.1 所示,图中所示各实体均为逻辑实体。

图 3.1 中,椭圆框及框中的标号 1、2、3、4 是为了本书中后面描述的方便而标注的,每一个椭圆框和其中标注的标号 1、2、3、4 对应。要满足图 3.1 所示的一个完整的 WVphone 终端机,必须具备软件、硬件两方面的支持。因此,对软件与硬件的设计都是本书关注的内容。任何一个软件离开硬件的支持都是无法运行的,WVphone 终端作为一款嵌入式产品,在硬件上应根据嵌入式的特点进行设计,详细设计见本书第 9 章。

WVphone 终端的软件设计部分主要包含两方面:①嵌入式 WVphone 终端软件,即图 3.1 所示的 WVphone 终端的软件部分;②PC 上运行的软件,这是因为目前更多用户习惯于计算机办公,设计 WVphone 终端与 PC 互通的软件必不可少,详见本书第 10 章。

从图 3.1 可以看出,WVphone 的应用并不像 WVphone 名称那样单单是一种 WLAN 终端产品。它是一个系统,因为其可以结合 SIP,跨越多个网络进行视频通话应用等。对于跨越多个网络的应用而言,需要关注各个网络之间的融合性问题,这需要本书提到的另外一个软件系统——软交换软件,该系统的详细设计见第 11 章。

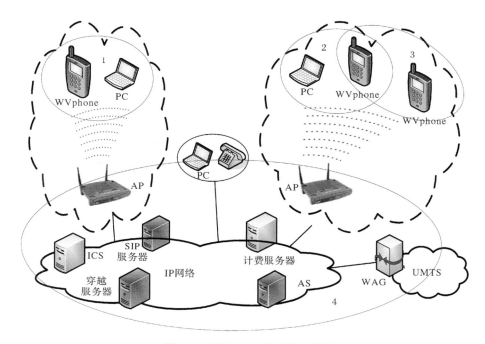

图 3.1　WVphone 应用参考模型

3.2　硬件总体框架简介

硬件作为整个系统设计的关键部分,其设计的好坏决定了整个系统的基础性能。在本书的描述中,所有使用的硬件芯片模组都是具有代表性的芯片模组,本书并没有指出只有使用这些模组才能实现 WVphone 终端硬件系统,与本书描述的硬件具有相似功能的芯片模组很多,读者如有更好的方案或是自己熟悉的芯片,完全可以抛开本书介绍的芯片,使用自己的芯片,设计更好的方案或提高开发效率。图 3.2 为 WVphone 硬件系统的框架图。

从图 3.2 看出,WVphone 的硬件至少包括麦克风、扬声器、中央控制器、键盘、摄像头、显示器、视频加速器、以太网、WLAN 等。

1) 中央控制器 ARM

中央控制器(MCU)作为核心处理芯片,对其性能要求较高。本系统选择飞思卡尔公司 i. MX27 多媒体应用处理器作为主控芯片。i. MX27 处理器基于 ARM926EJ-S,处理器内部集成了 H. 264/MPEG4 全双工硬件编解码视频处理单元,硬件编解码模块性能强劲,可以达到 H. 264/MPEG4 编解码 D1 分辨率 720×

576@25 帧/s、720×480@30 帧/s;全双工编解码同时进行可以达到 VGA 分辨率 640×480@30 帧/s,在目前的嵌入式 ARM 处理器中鲜有敌手。同时,i. MX27 可以同时进行 H. 264 VGA@30 帧/s 的编码和 MPEG4 VGA@30 帧/s 的解码,也能同时进行 MPEG4 VGA@30 帧/s 编码和 H. 264 VGA@30 帧/s 解码。

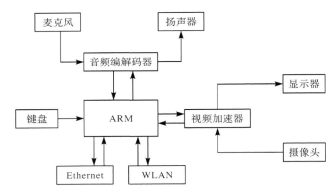

图 3.2　WVphone 硬件系统框架

2)语音模块

本系统语音模块采用 TLV320AIC10。TLV320AIC10 是 TI 公司近年来新推出的低功耗 Σ-Δ 型 16 位 A/D、D/A 音频接口(AIC)芯片。它由 5 个控制寄存器控制,其中,控制寄存器 1:软件复位,DAC 的 16 位或 15+1 位模式选择以及抗混叠滤波器、抽样滤波器、插值滤波器使能/旁路选择。控制寄存器 2:决定工作方式和采样速率,实现低功耗模式控制和分频寄存器控制(决定滤波器的时钟频率和取样周期)。控制寄存器 3:软件关电,模拟及数字信号反馈和事件控制模式选择;ADC 的 16 位或 15+1 位模式选择。控制寄存器 4:输入/输出增益控制(通过控制输入和输出可编程增益放大器来实现)。AIC 的初始化主要就是对这 4 个寄存器参数进行设定。该器件与单片机接口易于实现,开发和使用更加方便。尤其适合应用于低比特率、高性能密集设备的话音传输、识别及合成等的各种 VoIP、电缆调制解调器、语音和电话领域。

3)WLAN 通信模块

本系统无线通信模块选用万通四号(WT6104)芯片,作为一款高度集成的WLAN 解决方案芯片,完整实现了 IEEE 802.11a/b/g 基带信号处理、协议处理,以及各种附加增强功能模块。支持 802.11b 要求的 DSSS、CCK 调制方式和802.11a所要求的 OFDM 调制方式,能够完整地提供协议规定的 1~54Mbit/s 的全部传输速率。通过大量独有的专利技术,万通四号芯片能够提供业内领先的接收性能。该芯片能够完成 MAC 层所规定的所有协议,并针对语音通信和 QoS 的要求,加入了对 802.11e 标准的支持。除此之外,万通四号芯片提供了大量的安全和加密算法,如 AES、TKIP、WEP、WPI 等,也是世界上第一款支持 WAPI 的芯片,并能有效地融合 802.11i 标准和 WAPI 标准。

万通四号芯片针对移动通信的特点,从体系结构到最终实现都充分考虑了功耗控制,能够提供多种工作模式。该芯片是业内第一款以全 40M 工作,支持 802.11a/b/g 的 WLAN 芯片,有效地降低了功耗,并为板级设计提供了良好的 EMC 特性。

对于硬件系统的实现,本书作者选择以上性价比较高的芯片模组。对本 WVphone 系统硬件的具体设计与实现过程详见第 9 章。

3.3　终端软件框架简介

从图 3.1 所示的 WVphone 应用参考模型可以看出,在 WVphone 终端与终端通信中,一方面涉及 WVphone 终端之间的通信,及在图 3.1 中体现为椭圆框 3 中两个 WVphone 终端间的通话,这样就需要设计 WVphone 嵌入式终端软件;另一方面涉及椭圆框 1 和椭圆框 2 中所示的 WVphone 终端与 PC 终端进行的音视频通话,这样同时需要设计 PC 终端软件,实现与 WVphone 终端间的互通。由于这两方面的设计涉及的软件技术基本一样,只是运行的操作系统平台和实现的细节有所不同,故在此给出两种软件设计通用的框架图,如图 3.3 所示。从图 3.3 可以看出,整个软件建构至少主要涉及四方面的技术:SIP(会话初始协议)呼叫控制技术、音视频编码技术、多媒体数据传输技术及 WAPI 技术。

1) SIP 呼叫控制技术

SIP 技术作为 WVphone 的核心技术,被描述为用来生成、修改和终结一个或者多个参与者的会话,这些会话包括 Internet 多媒体会议、Internet(或任何 IP 网络)电话呼叫和多媒体发布,会话中的成员能通过多播或者单播连接的网络来通信。SIP 是一个应用层控制协议,因此可以运行在 TCP、UDP、SCTP 等各种传输层协议之上。虽然它主要是为 IP 网络设计的,但它并不关心承载网络,可以在 ATM、帧中继等承载网中工作。

由于 SIP 天然具有对移动性的支持,具有简单、可扩展性、灵活性、互操作性和可重用性等优点,故可作为 VoWLAN 移动终端首选的信令协议。

SIP 将 IP 电话作为 Internet 的一个应用,较其他应用(如 FTP、E-mail 等)增加了信令和 QoS 的要求,并且有终端移动中的安全性支持。

要让用户能放心地在 WLAN 终端上使用语音和数据通信,安全是非常重要的问题,WAPI 对 WLAN 的安全性问题提出了解决方法,解决了传统安全体制中的大部分问题。

下一代网络的一个重要目标是建立一个可管理、高效率、可不断扩展的业务

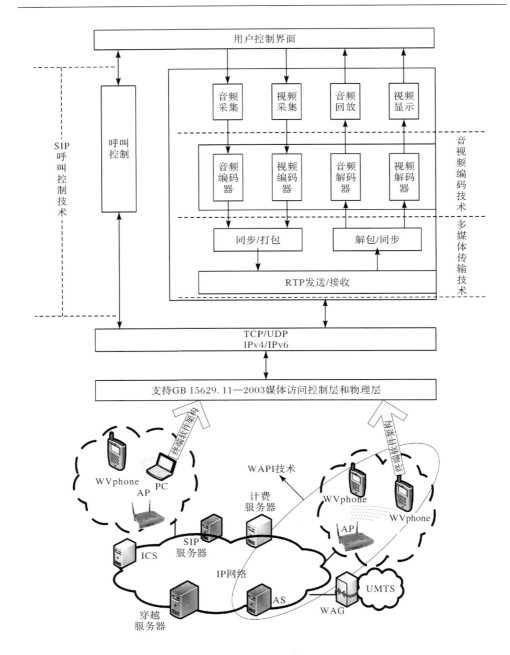

图 3.3　软件设计框架图

平台,SIP作为应用层信令协议很好地满足了这一系列要求。SIP具有很强的包容性,它既可以用来建立各种会话(如音频、视频、多方通话等),也可以用来传送即时消息和文件,这使运营商能通过统一的业务平台提供综合业务,实现网络的融合。SIP 在灵活、方便地提供业务方面具有多方面优点。

(1) 协议的可扩展性:SIP 的设计者在保持其核心协议简洁的同时,为其建立了强大的扩充机制。协议扩充主要是在消息上做文章,消息的三部分——消息类型、消息头和消息体都可以被不断扩充。SIP 基于文本方式,使其扩充工作变得十分简便。

(2) 开放的业务生成环境:传统电话的增值业务是靠智能网来实现的,业务开发复杂,周期长,严重依赖电信设备厂商。SIP 网络的业务提供主要由 SIP 代理服务器完成,生成一个业务就是设计一个业务逻辑,从而对一个特定的消息流进行控制,或对请求消息作出相应的响应。

(3) 对移动性的支持:SIP 天然具有对移动性的支持,用户 SIP 的动态注册机制使用户端移动变得十分方便。

SIP 为实现固定和移动业务的无缝融合创造了条件,3G R5 版本已经选择 SIP 作为 3G 移动通信多媒体领域的信令,来实现基于 IP 的移动话音和多媒体通信。3GPP2(the 3rd generation partnership project 2)采用 SIP 作为无线 Internet 网络会话层管理的基础。IMS 全部采用 SIP 作为呼叫控制和业务控制的信令,IMS 被认为是下一代网络的核心技术,也是解决移动与固网融合,引入语音、数据、视频三重融合等差异化业务的重要方式。

关于该技术的详细描述见本书第 5 章,如对 SIP 不了解,请详细阅读本书第 5 章,以便为软件的设计打下坚实的基础。

2) 音视频编码技术

(1) 语音压缩技术。语音压缩技术有很多种,如 G.723.1、G.711、iLBC 等,而语音质量的好坏与所采用的编解码技术息息相关。语音应用的基本过程是采样→编码→传输→解码→播放。

目前语音编码技术主要分为三类。

第一类是波形编码,力图使重建语音的波形保持原始语音的波形形状,如 PCM 和 ADPCM(G.711、G.721、G.722、G.723、G.726、G.727)。

第二类是参数编码,通过提取、编码语音的特征参数,保持重建语音的可懂度,如 LPC-10e 等(G.723.1)。

第三类是混合编码,结合了上述两种方法的优点,能重构高质量的语音,如矢量、激励线性预测、码激励线性预测(CELP)等。

每一种音频编码算法都有自己的优缺点,在带宽需求和延时上各不相同。本书第 6 章对音频编码算法进行了分析与比较,在实际应用中,开发者可根据自己对算法的掌握程度和技术爱好,选择自己了解的算法实现音频编码。

(2) 视频压缩技术。视频数据是数据流处理中的关键环节,高效的视频数据处理对于可视电话的软件设计至关重要。活动图像专家组和 ITU 两大组织分别提出的 MPEG 系列和 H.26X 系列标准对于视频压缩编码做出了巨大贡献。其中,最新的 MPEG4 视频压缩编码技术和 H.264/SVC 视频压缩编码技术(由活动图像专家组和 ITU 共同提出)有着较优越的性能,在实践中有着广泛的应用。相比较而言,我国自主产权的 AVS 音视频编码标准得到国家新闻出版广电总局的正式全面推广,成为国际上三大视频编码标准之一。音视频编码及文件格式(容器)是一个很庞大的知识领域,对其原理的详细阐述,请读者参阅相关文献。本书第 6 章也对编码技术进行了一定介绍,在实际应用中,开发者可以根据第 6 章对编码算法的分析选择对应的算法深入研究,以满足自己的需求。

关于 WVphone 软件系统的设计、实现,本书作者团队已经进行了有益的尝试并取得了一定效果,其中包括音视频的数据传输技术和 WAPI 技术等的软件实现,详见后续章节。

3.4　本章小结

WVphone 系统的设计是一项较为复杂的系统工程,其中首先对 WVphone 系统架构进行了剖析,然后结合软硬件系统自身的要求,进行了原理、技术框架等的设计分析,以尽量使读者对整个 WVphone 系统包括的架构,以及软硬件系统组成有明确的了解。

值得一提的是,类似于 PSTN 交换机对公共电话网的交换作用,WVphone 系统也需要必不可少的信令交换功能,其交换实现由 SIP 支持,称为软交换机(或软交换软件),如图 3.1 所示的椭圆框 4 中。软交换软件由 SIP 技术支持,以实现 WVphone 在 WLAN 内以及不同网络间的 WVphone 终端的视频通话的信令交换。

参 考 文 献

[1] 工业与信息化部宽带无线工作组标准. 无线局域网可视电话技术规范(CBWIPS-Z 005—2012). 2012.

第 4 章　P2P 技术在 WVphone 系统中的应用

4.1　P2P 概念及特点

WVphone 终端在进行通信时由 SIP 服务器负责用户信息的注册、代理管理和计费等。通过使用 SIP 可以构建对等网络(peer-to-peer,P2P),使得 WVphone 终端能够跨域工作。本章主要讨论 P2P-SIP 网络支持 WVphone 跨域的工作机制[1]。

P2P 网络是由开放系统互连参考模型(open system interconnection/reference model,OSI/RM)的网络层、传输层以及应用层支持的逻辑实体网络,主要实现资源传输和资源共享的网络体系架构。P2P 网络可以传送如控制信令、对等计算和其他数据文件等,同时也可以用来进行流媒体通信,流媒体是指在互联网上实时传播视频、音频等连续的信号。在现实生活中 P2P 技术已经在许多地方取得了成熟的应用,如 Napster MP3 音乐文件搜索与共享、BitTorrent 多点文件下载、PPlive 网络电视软件、Skype VoIP 话音通信等。

目前占主导地位的网络架构模式是客户机/服务器(C/S)体系结构,与目前占主导地位的 C/S 体系结构对比,有助于更深入地了解 P2P 网络,从而更有利于理解 P2P 技术所支持的 WVphone。

互联网基本协议 TCP/IP 规定了设备如何接入 Internet,以及数据如何在它们之间进行传输,它成功地解除了异机种计算机间互连通信的障碍。TCP/IP 连接的所有设备之间通信(E-mail、FTP、BBS)都是对等的,因此可以进行平等的通信。基于 Web 应用使 C/S 网络架构体系获得巨大成功,人们通过客户端上的浏览器来操作或访问远处的服务器,用户所处理的数据和应用处理软件都存放在服务器上,这样大大简化了用户的操作并且使客户端更加灵活方便。例如,12306 火车票购票网站、淘宝网、新闻网站等都使用了 C/S 网络架构模式。但随着互联网应用的进一步普及、集中计算和存储的大量应用、用户使用量的大幅增加,C/S 网络架构在功能上的缺陷逐渐暴露出来。集中计算与存储的架构使每一个中央服务器支持的网站成为数字孤岛。客户端上的浏览器很容易从一个孤岛轻易跳转到另一个孤岛,但是很难在客户端上对通过服务器之间的数据进行整合。网络的能力和资源(存储资源、计算资源、通信资源、信息资源和专家资源)全部集中存在中央服务器上,这种庞大的资源量和各种限制不一样的数据很难在各个服务器之间进行整合。在这种体系架构下,各个中央服务器之间也难以按照用户的要求进行透明的通信和能力的集成,它们成为网络开放和能力扩展的瓶颈。有时候中央服务器的负载过于沉重使用户的请求无法及时得到响应,容易造成延迟、广播风暴、网络瘫痪等问题,例如,12306 火车票购票网站在用户使用较多时出现明显延迟和服务器崩溃,学校选课系统在用户集中访问时瘫痪。这时需要对中央服务器采取更高的安全措施、更优化的网络架构、更严格的访问控制策略和硬件升级服务器等,这样大大增加了成本投入,而且性能的提升也是有限度的。

与 C/S 网络架构相反,P2P 网络架构[2]在进行通信时不存在中心节点,节点之间是对等的,各个节点之间通过直连接而共享、传递资源,即每一对节点之间都可以进行对等的通信。在这种网络结构下,每个节点都可以搜索其他对等节点或者被其他对等节点搜索,各节点同时具有媒体内容的接收、存储、发送和集成等功能。这种网络架构所带来的优点是:P2P 网络各个节点的资源可以共享,理论上说网络的资源是 P2P 各个节点的总和。各种资源不再仅限于集中在网络的中央服务器,而是分布在靠近用户网络边缘的各 P2P 节点上,当用户需要某种资源时,只需要从对等节点下载就行了。P2P 技术的应用使得业务系统从集中向分布演化,特别是服务器的分布化,克服了业务节点过于集中造成的瓶颈问题,大大降低了系统的建设和使用成本,提高了网络及系统设备的利用率。与 C/S 模式相比,P2P 有如下优点。

(1)非中心化:P2P 架构网络没有中心服务器,网络中的各种资源和服务都分布在不同节点上,信息的传输、资源的共享以及服务的实现都在节点之间进行,整个过程没有中心服务器。这样的网络架构避免了可能出现的瓶颈问题,大大提高了网络的稳定性和安全性。

(2)可扩展性:在 P2P 网络中随着用户的加入也带来了服务需求的增加,随着每个节点的连入,系统整体的资源和服务能力也在同步扩充,这样能够最大程度地满足用户的需求。整个体系结构是全分布的,不存在瓶颈问题。例如,PPlive 网络电视软件在使用的用户增加时,P2P 网络提供的资源就更多,下载速度就更快,理论上其可扩展性几乎可以认为是无限的。

(3)健壮性:P2P 架构决定了它具有耐攻击、高容错的优点。由于服务和资源是分散在各个不同节点之间的,部分节点或网络遭到破坏对网络上其他部分的节点影响很小。同时 P2P 网络具有自动调整功能,当部分节点失效时 P2P 网络能够自动调整整体拓扑结构,保持其他节点的连通性。P2P 网络通常都是以自由的方式组建起来的,并允许节点在任何时候自由地加入和离开。P2P 网络还能够根据节点数、网络带宽、负载、资源情况等变化不断地作自适应式的调整。

(4)高性价比:人们关注 P2P 技术的一个重要原因就是性能优势,在使用 P2P 网络架构时使分散在网络上的普通节点得到充分利用,将原本存储于服务器上的大量资源和服务分散到所有节点上。利用闲置的计算能力和存储空间,可以达到高性能计算和海量信息存储的目的。通过利用网络上闲置的资源可以更大效率地利用资源。例如,比特币的出现就是基于 P2P 网络利用网络上的闲置资源的例子。

(5)隐私保护:在 P2P 网络中信息的传输分散在各节点之间进行,而无需经过某个集中环节,用户的隐私信息泄露和被窃听的可能性大大减小。在 P2P 网络中所有节点都可以提供中继转发的功能,因而提高了匿名通信的可靠性和灵活性,能够为用户提供更好的隐私保护。相对于 C/S 模式把用户信息存储在服务器上,P2P 网络模式的分散存储方法大大增加了用户信息的安全性。

(6)负载均衡:在 P2P 网络环境下每个节点既是服务器又是客户机,降低了传统 C/S 结构中对服务器计算能力、存储能力等的要求。同时各个节点之间平等存在,在进行通信时扩展网络设备和服务器的带宽,增加吞吐量,加强网络数据处理能力,提高网络的灵活性和可用性,更好地实现了整个网络的负载均衡。

以上是 P2P-SIP 技术优势,使得 WVphone 终端在注册、计费、漫游时能跨域应用。所使用的 SIP 简单、易于扩展、便于实现等诸多优点越来越得到用户的认可,并逐步成为下一代网络(next generation network,NGN)和 3G 多媒体子系统域中的重要协议。现在市场上出现了越来越多的支持 SIP 的客户端软件和智能多媒体终端,以及使用 SIP 实现的服务器和软交换设备,结合 P2P-SIP 技术优势也使得 WVphone 终端具有极大的开发应用潜力,相信在不久的未来 WVphone终端会有更大的应用前景。

4.2　P2P 技术发展简史

P2P 网络架构技术并不是一个新的概念,早在 1969 年 Internet 的前身ARPANET刚出现的时候,网络的应用模式就是 P2P 结构,最初的目的是在一定范围内共享计算机资源,其所面临的问题是如何把架构体系、组建模式、使用协议等不同的网络连接起来,使之成为一个在一定程度上的通用网络,并且使得各个主机成为网络上平等的成员。ARPANET 是以一种平等的方式把这些计算机连接起来,而不是用 M/S(master/slave)或者是 C/S 的方式连接。早期的 Internet比现在的 Internet 更加开放和自由,人们没有将精力重点放在防火墙技术方面和安全方面。当时连接在网络上的任意两台计算机都可以互相给对方发送网络数据包进行资源共享和通信。网络只是提供一个共同研究工作的环境,不需要防范任何东西,这样的模式就是简单的 P2P 结构的应用[3]。

大约从 1995 年起,随着 PC 的广泛使用,大量的用户接入 Internet,他们使用Internet 的主要用途是发送电子邮件、浏览网页、观看视频和在网上购物,这些用户需求方式的变化直接影响了网络架构模式的发展,也直接影响到 P2P 网络架构的发展。

20 世纪 90 年代末,非对称网络连接的发展给 P2P 网络结构带来新的挑战。网络供应商为了得到更高的效率而决定提供非对称带宽,往往是下行带宽非常大而上行带宽非常小,例如,ADSL 和 Cable 调制解调器的下行/上行带宽往往相差 3~8 倍。非对称带宽出现的原因在于 Web 是互联网的主要应用,绝大部分用户只是 Web 的客户机而不是服务器。大多数用户只是从互联网上获取信息而不是上传信息,这样设置上行/下行带宽可以最大效率地利用网络。这样的非对称带宽网络的发展使 P2P 网络发展陷入低谷,但技术的发展和需求的提高使 P2P 网络重新得到重视。

大约在 2000 年,Napster 的音乐文件共享程序在网络上广泛流行,短时间内就吸引了成千上万的用户。Napster 应用模式与通过 FTP 下载文件不同,FTP 是把所有的文件都集中存放到服务器上,所有的用户都通过登录到服务器上下载文件。这样做的缺点是当登录的用户过多时会造成服务器工作繁忙、带宽拥挤、下载速度变慢甚至下载失败,而且用户所能下载的文件仅限于服务器上的文件。而 Napster 上所有的共享 MP3 文件都是由用户提供的,所有的文件都保存在用户的本地计算机上,当用户数量增加时所能提供的共享文件数量和种类就会大大增加。Napster 只提供一个服务器来保存所有用户提供的 MP3 文件的目录以及其计算机的地址,当某个用户需要下载某个 MP3 文件时,可以通过服务器查询到该 MP3 文件所在的计算机地址的列表,由于同一个 MP3 文件可能存放在不同的计算机上,用户只需要从任意一台计算机上下载就可以了,这种方法就是灵活运用 P2P 网络架构模式进行资源共享。由于 Napster 共享的是 MP3 音乐文件,虽然其初衷是让音乐发烧友交换合法的 MP3 音乐文件,但它涉及版权问题,法院最终判定 Napster 侵权而被迫关闭。但是其巧妙的 P2P 应用模式和受欢迎程度为后续的其他 P2P 文件共享应用的发展奠定了基础。

与此同时,QICQ 和 QQ 等国内外即时聊天应用也迅速在国内流行起来。实际上 QQ 的实现机制与 Napster 系统非常相似,用户通过客户端软件把自己的账号和计算机地址登记到服务器上,并通过服务器查找其他在线的用户账号和地址,然后直接进行聊天。可以说,即时聊天是一种非常典型的 P2P 应用。由于文件共享和即时聊天等 P2P 应用程序满足了广大用户的需求,所以越来越多的公司参与了 P2P 应用程序的开发,可以预见在不远的未来越来越多基于 P2P 的应用将会诞生。

应用需求变化和技术[4]的快速进步推动了 P2P 技术不断发展,P2P 技术存在三种结构模式的体系结构,即以 Napster 为代表的集中目录式结构、以 Gnutella 为代表的纯 P2P 网络结构和混合式 P2P 网络结构。从 P2P 技术的分代来说,到目前为止的 P2P 技术可分为以下四代。

1) 第一代 P2P(中央控制网络体系结构——集中目录式结构)

集中目录式结构(图 4.1)采用中央服务器管理 P2P 各节点,集中目录式 P2P 有一个中心服务器来负责记录信息和相应信息的查询。这种形式具有中心化的特点,但是不同于传统意义上的 C/S 结构。这种模式下服务器只保留索引信息,此外服务器与对等实体以及对等实体之间都具有交互能力。

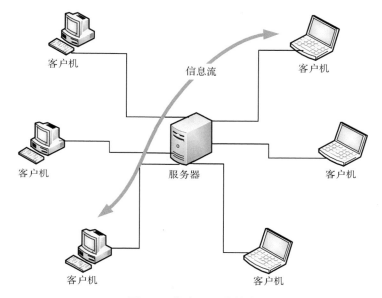

图 4.1　集中目录式结构

这种 P2P 网络模型也存在很多问题,主要表现为以下几点。

(1) 把重要的一些服务集中到中央服务器上,当中央服务器瘫痪时,容易导致整个网络崩溃和不可用,可靠性和安全性较低。

(2) 随着用户数量的增加及网络规模的扩大,对中央服务器的要求增加。服务器的建设成本费用、维护费用、更新费用等都将急剧增加,这样使所需的成本大大增加。

(3) 中央服务器存储的资源容易引起版权问题,并因此被攻击为非纯粹意义上的 P2P 网络模型。对小型网络而言,这样的模型在管理和控制方面占一定优势。但鉴于其存在的种种缺陷,该模型并不适合大型网络应用。

2) 第二代 P2P(分散分布网络体系结构——纯 P2P 网络结构)

纯 P2P 网络结构也被称为广播式 P2P 网络模型,它没有集中的中央目录服务器,每个用户自行接入网络,每个接入点都与自己相邻的一组邻居节点通过端到端连接构成一个在逻辑上覆盖的网络。对等节点之间的资源共享和信息查询都直接通过相邻节点广播接力传递,同时每个节点还会记录搜索轨迹,以防止搜索环路的产生。这种网络结构解决了网络结构中心化的问题,扩展性和容错性较好。由于没有一个节点知道整个网络的结构,网络中的搜索算法以泛洪的方式进行,控制信息的泛滥消耗了大量带宽,并容易造成网络拥塞甚至使网络瘫痪,从而导致整个网络的可用性较差和利用率较低。另外,这类系统更容易受到垃圾信息,甚至病毒的恶意攻击。图 4.2 是纯 P2P 网络结构。

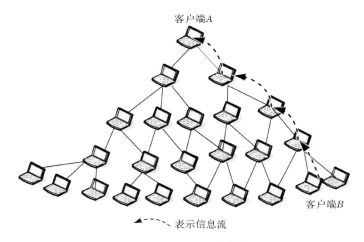

图 4.2 纯 P2P 网络结构

3) 第三代 P2P(混合网络体系结构——混合式网络结构)

混合式网络结构综合了纯 P2P 网络结构非中心化和集中式 P2P 网络结构快速查找的优势。根据节点能力(计算能力、存储空间大小、连接带宽、网络延迟等)不同划分为普通节点和搜索节点两类。搜索节点与相邻的若干普通节点之间构成一个自治的簇,簇内采用集中目录式 P2P 网络结构模式,而整个 P2P 网络中不同的簇之间再通过纯 P2P 网络结构模式将搜索节点相连。同时可以在各个搜索节点之间再次选取性能最优的节点,或者另外引入一个新的性能最优的节点作为索引节点来保存整个网络中可以利用的搜索节点信息,并且负责维护整个网络的结构。由于普通节点的搜索查询先在该节点所在簇内进行,只有在查询结果不充分时,才通过搜索节点之间有限的泛洪进行查询。这样就消除了纯 P2P 网络结构中使用泛洪算法带来的网络拥塞、搜索迟缓等不利影响。同时也不会像集中目录式网络结构中那样使中央服务器负载过大而导致网络性能不好。每个簇中的搜索节点监控着本簇内所有普通节点,能够在网络局部防范、控制一些恶意攻击行为,在一定程度上可以提高整个网络的负载平衡和安全性。图 4.3 是混合式 P2P 结构。

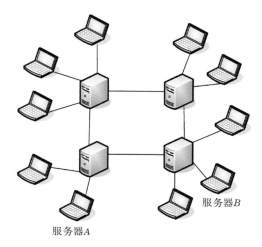

图 4.3　混合式 P2P 结构

4）第四代 P2P（发展中的 P2P 技术）

第四代 P2P 网络结构还在发展中，没用真正形成，而是改进了原有的技术，使 P2P 网络结构出现了一些新的特性。

（1）动态端口选择：目前的 P2P 网络结构应用一般使用固定端口，在今后的 P2P 发展中可以采用动态端口，这样的方法具有更大的灵活性和适应性。

（2）双向下载：eD 和 BT 等公司进一步发展引入双向流下载机制，这项技术可以多路并行下载和上传一个文件或多路并行下载一个文件的一部分，这将大大加快文件的上传和下载速度，而目前传统的体系结构要求目标在完全下载后才能开始上传。而且在这种模式下下载的用户越多下载的速度越快，对下载速度的提升更能满足用户的要求。

（3）智能节点弹性重叠网络：智能节点弹性重叠网络是系统应用 P2P 技术来调度已有的 IP 承载网资源的新技术，在路由器网络层上设置智能节点用各种链路对等连接，构成网络应用层的弹性重叠网。可以在保持互联网分布自治体系结构的前提下改善网络的安全性、QoS 和管理性。使用智能节点可以区分数据种类，分辨是病毒、垃圾邮件还是有用数据来保证安全性，还可以提供高性能、可扩展、位置无关消息选路，以确定最近的本地资源位置。使用智能节点探测互联网路径踪迹并且送回关于踪迹的数据，解决目前互联网跨自治区路径选择方面存在的问题。能够实现 QoS 选路，减少丢包和时延，快速自动恢复等。智能节点使 P2P 技术的安全性和可靠性得到很大提升，为未来大范围的使用奠定技术基础。

WVphone 终端接入网络，是指采用 IEEE 802.11 系列标准所规定的技术规范,通过 WLAN 的 AP,在物理层、数据链路层接入网络。在全球范围内支持以太网的 P2P-SIP 的开发资源和软件已经开始普及,这为 WVphone 终端跨域功能的实现提供了有利条件。

4.3　P2P 技术现状

动态网络是 P2P 网络结构存在的重要原因。现在使用的互联网是带有某些静态特性的动态网络,如连接到互联网的任何一台计算机都被分配一个全球唯一的 IP 地址,这个 IP 地址用来标识全球唯一的主机。

如今占主导地位的 IPv4 协议使用 32 位的 IP 地址空间,这种 IP 地址的表示方法是采用点分十进制数字,如 172.16.1.2。IPv4 所能支持的最大 IP 地址数量为 $2^{32}-1$ 个地址。这种地址模型由于地址数量有限,随着需要使用 IP 地址的计算机和电子设备的快速增加,很快就会用完 IPv4 能提供的所有 IP 地址。IPv4 地址数量的有限和即将枯竭对 P2P 网络的发展有较大的阻碍。

下一代 IP 协议 IPv6 能向兼容 IPv4,采用 128 位地址空间,有 2^{128} 个地址,表示方法是用冒号隔开的十六进制数字。IPv6 可以支持更多的电子设备和计算机,为今后 P2P 网络的发展奠定了基础。但是目前 IPv6 还没有得到广泛应用,只是在一些高校和科研机构使用。

通常使用 IP 地址和 DNS 来识别和寻址网络上的某台计算机,但 P2P 网络系统依然面临巨大挑战。由于 IPv4 提供的地址数量有限,所以不得不设计寻址机制来延缓 IPv4 地址数量的枯竭。NAT(网络地址转换技术)能将一组保留 IP 地址分配给某个局域网上的计算机,可以适当延缓 IPv4 地址用完的速度。当连接到互联网时,这些计算机共享一个“公共”IP 地址。因为保留的 IP 地址组是私有地址,所以这些 IP 地址不会出现在互联网上(成为公共 IP 地址),因此这些 IP 地址可多次使用。虽然这些机制实现了 IP 地址的转换,但也使得寻找计算机实际地址变得更加困难,尤其在动态环境中更是如此,使用 IPv6 的新一代互联网的设计目的就是解决这一问题。但在短时间内 IPv6 地址很难大规模使用。除 NAT 之外,为了高效使用 IP 地址,互联网上的 IP 地址经常采用动态分配方式,这种分配 IP 地址的方式也为寻址计算机带来了不便。

P2P 网络系统如何识别其标识不断变化的对等节点? P2P 网络必须能唯一地标识该网络上的各个对等节点和可用资源。因此,P2P 系统必须定义自己独立的 IP 地址和 DNS 的命名规则。为了使 P2P 系统上的用户拥有自己的永久标识,P2P 系统必须创建虚拟名称空间。

不同于 DNS 等寻址方法中采用的预定义或预配置方式,P2P 系统网络中的对等节点通过使用 IP 地址或 DNS 作为导航助手来相互寻址,从而形成动态或虚拟网络。形成动态网络是 P2P 系统的典型特征。

1) 寻址 P2P 系统中的对等节点和资源

关于在 P2P 系统中如何寻址节点和资源的问题,已经见诸大量的出版物并引起了广泛的讨论。时至今日,这个问题的解决已成为成功的 P2P 系统的重要标志。

可以从两个层次来思考寻址问题。首先,寻址过程和发现一个对等节点相关。对等节点的寻址目的是需要找到某项服务或帮助,并克服很多与信息处理相关的问题。如果对等节点不理解相互交换的信息,那么它们就无法处理相互交换的大量数字信息。其次,寻址过程和用户发现自己感兴趣的资源相关。早期的 P2P 应用程序是用于处理文件共享和文件检索的。与流行的搜索引擎不同,P2P 应用程序采用新的技术来检索互联网上的文件和信息。传统的信息检索技术已经无法容纳互联网上以指数形式增长的海量信息了。尽管流行的搜索引擎都支持并行计算机制,但可用信息的时间延迟在持续增长。P2P 为互联网上的信息检索提供了一种更加实时化的资源寻址方法。

有人对 Gnutella 软件的遭遇做过详尽的记载。如图 4.4 所示,作为流行的文件共享和搜索程序,Gnutella 采用传统的广播机制来寻址对等节点。用户越多,广播越多,广播次数增加越快;当用户基数增长太快时,网络系统将因崩溃而停止运行。与此同时,大量的 Gnutella 请求将阻塞网络。

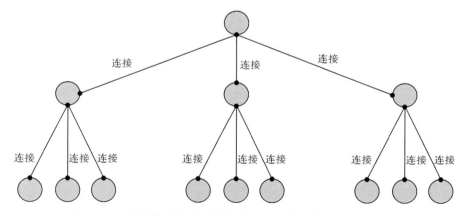

图 4.4　一旦网络增长超过预期,Gnutella 将很快遭遇广播风暴

因此,如何设计一种高效的寻址机制是至关重要的,这种寻址机制必须在不同的运行环境中保持高效率和高准确率。不管网络规模多大,网络协议有什么不同,这种寻址机制都必须能及时寻址到对等节点和相应资源并且作出及时响应。另外,这种寻址机制还必须有足够的安全性以防范攻击,否则这种寻址机制的可行性将受到严重质疑。

当把集中化系统的寻址机制用于基于对等节点的大型网络时,这些寻址方法往往无能为力。集中化系统的寻址方法要么缺乏可扩展性,要么会在系统中产生单点错误。现在已经开始使用的不同结构和设计分散化的寻址方法,都不能够满足大多数情况下的需求,只适合特定的环境。在基于对等节点的大型网络中,这些方法都有不足。

2) 简单广播

简单广播寻址方式是将一次寻址请求发送到同一网段中的所有节点上,这时所有节点都可以收到用户的请求信息,任何存在用户所需资源的节点都会作出响应。这种寻址方法相对简单且容易实现,可以找到大量用户所需的资源。但这种方法的缺点在于:当用户基数线性增长时,广播请求的数量将以指数方式增长,这时广播数量就会大大增加,对网络带宽的需求也大量增加。可能导致广播请求阻塞网络,并引发超时、数据重传、广播风暴,这都将使网络性能大大降低。同时,网络中还存在安全性问题,一个怀有恶意的对等节点可能通过引发与用户基数不成比例的大量广播请求来阻塞网络,这将中断网络运行并大大降低网络效率。因此,简单广播寻址方式只适用于小型网络。

3) 选择性广播

选择性广播寻址是对简单广播寻址的改进。选择性广播寻址方法不会将广播请求发送到网络中的所有对等节点,而是根据用户提供的请求条件,如节点提供的服务数量、内容可用性或信任关系等,选择相应的节点发送广播请求。当寻址请求被发送到选中的节点时,用户可根据节点的响应时间或者带宽大小来选择响应的不同资源。当然用户知道的节点越多,系统的动态性就越大,这样就会有更多的资源可供利用。当用户数量大量增加时 P2P 的优势就能很明显地体现出来。选择性广播寻址方式中仍然存在安全性问题。为了使选择性广播寻址方式有效地运行,非常重要的一点是使所有的对等节点都成为知名节点。

4) 适应性广播

和选择性广播寻址一样,适应性广播寻址方式的目的也是尽量实现网络连接最大化和带宽使用最小化。可以根据网络环境的不同来制定不同的选择标准,例如,用户可制定寻址操作中可使用的内存和带宽限制;通过预定义资源限制水平,用户可在寻址或资源搜索操作时允许或拒绝一些请求,从而确保网络的安全性和搜寻资源的高效性。这将确保网络不会因为元件故障、恶意攻击而消耗大量资源。适应性广播寻址需要使用一些监控资源,如对等点标识、消息队列长短、端口使用情况和消息频率等,这些方法一定程度上增加了网络开销。适应性广播寻址能降低某些对网络安全攻击的风险,相对于简单广播寻址和选择性广播寻址有较大的性能改进和较高的效率,但也存在一些不足。

5）资源寻址

资源寻址方式和节点寻址方式密切相关，两者的不同之处在于节点拥有信息处理能力（智能化设备）。对等节点能通过程序接口参与信息处理的过程。与对等节点相比，资源的静态特征更为显著，并且资源所需的只是识别该资源的标识，资源寻址可通过集中或分散化检索方法实现。在同样的开销情况下，集中化检索方法能提供良好的性能，满足大型对等网络硬件和带宽要求的费用可能很高。但在某些情况下，不管使用多少软硬件资源，集中化检索方法都会在可扩展性问题方面遇到困难。分散化检索方法力图克服集中化检索方法在可扩展性方面遇到的问题，为了提高分散化索引系统的性能，存储在系统上的所有文件和文档都被分配了一个唯一的 ID，这个 ID 的目的是识别或定位资源，分散化系统能很容易地将资源 ID 映射为资源。这种方法的不足之处在于对资源的检索必须十分精确，任何资源都必须有唯一的标识。分散化索引系统的其他问题是如何保存缓存信息以及对缓存信息保持多久。因为对等节点能随意进入和离开网络，而且正在索引中的资源变化不定，所以对等网络非常不稳定。因此，如何保持资源同步和精确定位资源是分散化索引面临的主要障碍。因为对等网络不稳定，任何节点都可以随时随地加入和离开网络，所以要知道一个节点何时处于在线状态需要开发高效的以用户为中心的分布式系统。

以上是对 P2P 网络技术现状的讨论，除表明 P2P 网络技术优势在包括WVphone系统在内的各种应用前景诱人之外，其现状也表明，在 WVphone 系统中应用 P2P 网络技术需要做一定的技术开发工作。另外，国内外"P2P 网络技术＋WVphone 终端"技术的标准化工作也是当前亟待解决的技术问题。

4.4　P2P-SIP 网络在 WVphone 系统中的应用

由于之前的 VoIP 采用多服务器/客户端模式，随着用户数量的高速增长，现有的 SIP 服务器也普遍反映出一些不足：单点失效和性能瓶颈问题。SIP 服务器按域划分用户，每个域有一台 SIP 服务器，用户连上本域的服务器，不同域之间通过 SIP 服务器进行交流。如果用户所在域的服务器宕机，用户就不能使用 SIP 服务，这时用户的服务将被中断，这就是所谓的"单点失效"问题。当某个域内的用户数目庞大时，服务器就可能出现性能问题。如果使用多台服务器，则维护服务器之间的一致性又会增加配置的复杂性和增大性能损耗，性能提升十分有限，而且硬件开销会大大增加，这就是所谓的"性能瓶颈"问题。同时 VoIP 也面临着网络地址不够用、安全问题、服务质量、网络融合等问题。

在现在的设计当中，每个 SIP 节点同时也是 P2P 节点，节点之间的地位是平等的，没有普通节点和特殊节点的差别。这种设计要求现有 SIP 设备作重大改动,因而导致产生更大的开销,而且很难将 SIP 服务作商业化运营。而本书所设计的系统充分考虑到 SIP 服务的商业化和电信级运营,不需要改动现有 VoIP 终端设备,只对现有 SIP 服务器的软件作很小的改动。为区别于传统的 SIP 服务器,本书把 P2P 化的 SIP 服务器叫做 P2P-SIP node,简称 PN,图 4.5 所示为基于 P2P 的 SIP 网络结构。

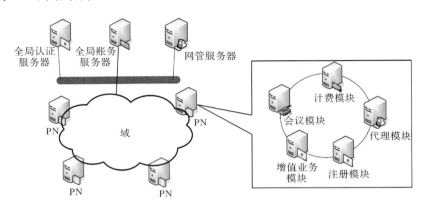

图 4.5　基于 P2P 的 SIP 网络结构

在 P2P-SIP[4]网络中,原来管理一个域的单台服务器变成多台 PN,PN 之间通过 P2P 机制互连,彼此分担负载,可以很好地维持网络的安全性和稳定性。PN 可以承担原来服务中压力最大的部分,如注册、代理和计费等重要服务。当用户连接到任意一台 PN 时,都可以有效地使用 PN 提供的各种服务,这样的结构模式具有很强的健壮性和易扩展性,部分 PN 断线或出现故障基本不会影响到整个 P2P-SIP 网络的正常运行。采用这样的模式使 P2P-SIP 网络有较好的易扩展性,如果需要扩大 P2P-SIP 网络的容量,只需加入新的 PN 就可以了。

PN 在地理上分散在不同的位置,逻辑上根据选用的 P2P 机制的不同可以是环形(Chord 协议)、矩阵(CAN 协议)、网状(Pastry 协议和 Tapestry 协议)。基本的 PN 服务器至少包括注册和代理两种功能。为进行商业运营,可以部署全局认证服务器、全局账务服务器和网管服务器等,用于管理全部用户和所有 PN。新的服务(如语音和视频会议、语音邮箱、PSTN 落地(呼叫座机和手机)、自动和人工语音应答)可以部署在 PN 上,也可以作为单台服务器或以服务器网络的形式接入 P2P-SIP 网络。因此,基于 P2P-SIP 对等网络结构进行 WVphone 终端应用软件[5]编程可以用最小的成本提供最优的服务。

4.5　本章小结

　　P2P 网络技术是现代及未来网络发展的重要趋势,它具有非中心化、可扩展性、健壮性、高性价比和负载均衡等优点。随着互联网技术的发展,P2P 技术将有更广阔的应用前景,也更能满足用户的需求。目前 P2P-SIP 技术还在发展中,但结合 P2P 和 SIP 两者的技术优点,更能满足发展互联网新媒体的需求,也更符合互联网运营模式的需求。基于 P2P-SIP 对等网络结构,支持 WVphone 系统的实现都是可行的。

参 考 文 献

[1] 周大刚,皖露,龙昭华. 基于 SIP 的移动性管理. 计算机工程与设计,2006,26(11):2937-2941.

[2] 胡健生,刘飞争,魏泽邦,等. P2P 技术及其应用综述. 科技信息,2009,(31):69-70.

[3] 邢小良. P2P 技术及其应用. 北京:人民邮电出版社,2008:4-5.

[4] 薛青娜. 基于 P2P＋SIP 的流媒体服务系统的设计. 计算机与数字工程,2011,(3):79-82.

[5] 戚晨,董振江. P2P SIP 原理和应用. 中兴通讯技术,2008,13(6):36-38.

第5章　SIP 呼叫控制技术

5.1　概　　述

WVphone 终端遵循物理层、数据链路层的 802.11 标准，WLAN 中的 STA/AP 构成了 BSS，信息在 MAC 子层的帧中；在 Ethernet 中，处理的也是 MAC 帧中的数据信息。WVphone 传输的内容是视频，其视频数据传输需要 ISO OSI/RM 参考模型的网络层以上各层协议的协同工作，才能完成视频内容向终端用户的呈现，所以 WVphone 的有效工作是各层技术的综合体现，WVphone 工作于各层中，所以有时又称 WVphone 为 WVphone 系统。

如前面章节所述，WVphone 与对等网络的结合，使得 WVphone 在应用和技术内涵上，比 WVphone 中 SIP 技术支持的功能更强大。

WVphone 采用 IETF 开发的 SIP 作为基本技术，实现 WVphone 终端的呼叫等功能。

WVphone 终端的基本技术是 SIP，本章对 SIP 技术进行介绍。SIP 工作于网络层以上，并主要在应用层工作。

5.1.1　基本概念

SIP 是 IETF[1,2] 中的一个在 IP 网络上进行多媒体通信的应用层控制协议，它被用来创建、修改和终结一个或多个参加者参加的会话进程。这些会话包括 Internet 多媒体会议、Internet 电话、远程教育以及远程医疗等。在互联网上进行两方或多方多媒体交互式通信活动的多媒体会话时，参加会话的成员可以通过组播方式、单播联网方式或者两者结合的方式进行通信。

SIP 是一个正在发展和不断研究中的协议。一方面，它借鉴了其他 Internet 标准和协议的设计思想，在风格上遵循互联网一贯坚持的简洁、开放、兼容和可扩展等原则，并充分注意到互联网开放而复杂的网络环境下的安全问题。另一方面，它也充分考虑了对传统公共电话网的各种业务，包括 IN(智能网)业务和 ISDN(综合业务数字网)业务的支持。

利用带有会话描述的 SIP 邀请消息来创建会话，以使参加者能够通过 SIP 交互进行媒体类型协商。它通过代理和重定向请求用户当前位置，以支持用户的移动性，用户也可以登记当前位置。SIP 独立于其他会议控制协议，它在设计上独立于下层的传输层协议,因此可以灵活方便地扩展其他附加功能。

SIP 作为一个应用层的多媒体会话信令协议,可以被用来发起一个会话进程,在会话中邀请其他参加者加入会议,会话本身可以通过基于组播协议的会话通告协议(SAP)、电子邮件、网页通告以及轻量级目录访问协议(LDAP)等方式预先通告各个可能的参加者。SIP 支持别名映射、重定向服务、ISDN 和 IN 业务。它支持个人移动(personal mobility),即终端用户能够在任何地方、任何时间请求和获得已订购的任何电信业务。总的来说,SIP 能够支持下列五种多媒体通信的信令功能。

(1) 用户定位:确定参加通信的终端用户的位置。

(2) 用户通信能力协商:确定通信的媒体类型和参数。

(3) 用户意愿交互:确定被叫是否乐意参加某个通信。

(4) 建立呼叫:包括向被叫"振铃",确定主叫和被叫的呼叫参数。

(5) 呼叫处理和控制:包括呼叫重定向、呼叫转移、终止呼叫等。

SIP 可以通过 MCU(multipoint control unit)、单播联网方式或组播方式创建多方会话,支持 PSTN 和互联网电话之间的网关功能。

SIP 可以与其他用于建立呼叫的信令系统或协议结合使用,它在设计上充分考虑了对其他协议的可扩展性。例如,SIP 支持的主叫可以识别出 H.323 协议支持的被叫,通过 H.245 网关利用 H.225.0 协议向被叫发起并建立呼叫;另外,一个 SIP 主叫可以识别 PSTN 上的被叫及其电话号码,通过与 PSTN 相连的网关向被叫发起并建立呼叫。

SIP 不提供发言控制(floor control)、投票等会议控制功能,也不规定如何管理一个会议,但是 SIP 可被用来引发这些会议控制协议。SIP 本身不具备资源预留功能,但可以向被邀请者传达这方面的信息。

5.1.2 相关术语

1) 呼叫

一个呼叫由一个公共源端所邀请的一个会议中的所有参加者组成,由一个全球唯一的 Call-ID 进行标识。

例如,由同一个源邀请一个会议的所有参加者构成一个呼叫;点到点 IP 电话会话是一种最简单的会话,它映射为单一的 SIP 呼叫。

通常情况下,呼叫由主叫方创建,一般来说,呼叫可由不参与媒体通信的第三方创建,此时会话的主叫方和会话的邀请方并不相同。对于多播会议来说,一个用户可由不同的人邀请参加同一会议,则每一个邀请应视为不同的呼叫。对于基于 MCU 的会议,每个参与者使用一个呼叫邀请自己加入 MCU。

2）事务

SIP 是一个 C/S 协议。客户机和服务器之间的操作从第 1 个请求至最终响应为止的所有消息构成一个 SIP 事务。

一个正常的呼叫一般包含三个事务。其中，呼叫启动包含两个操作请求，即邀请（invite）和证实（ACK），前者需要回送响应，后者只是证实已收到最终响应，不需要回送响应。呼叫终结包含一个操作请求：再见（BYE）。

3）SIP URL

为了能正确地传送协议消息，SIP 还需解决两个重要的问题：①寻址，即采用什么样的地址形式标识终端用户；②用户定位（后面介绍）。SIP 沿用 WWW 技术解决这两个问题。

寻址采用 SIP URL（uniform resource locator），按照 RFC 2396 规定的 URI 导则定义其语法，特别是用户名字段可以是电话号码，以支持 IP 电话网关寻址，实现 IP 电话和 PSTN 的互通。

SIP URL 的一般结构如下：

SIP：用户名：口令@主机：端口；传送参数；用户参数；方法参数；生存期参数；服务器地址参数?头部名＝头部值

SIP 表示需采用 SIP 和所指示的端系统通信。

“用户名”可以由任意字符组成，一般可取类似于 E-mail 用户名的形式，也可以是电话号码。

“主机”可为主机域名或 IPv4 地址。

“端口”指示请求消息送往的端口号，其缺省值为 5060，即公开的 SIP 端口号。

“口令”可以置于 SIP URL 中，但一般不建议这样做，因为其安全性是有问题的。

“传送参数”指示采用 TCP 还是 UDP 传送，缺省值为 UDP。

“用户参数”，SIP URL 的一个特定功能是允许主机类型为 IP 电话网关，此时，用户名可以为一般的电话号码。由于 BNF 语法表示无法区分电话号码和一般的用户名，所以在域名后增加了“用户参数”字段。该字段有两个可选值，即 IP 和电话，当其设定为“电话”时，表示用户名为电话号码，对应的端系统为 IP 电话网关。

“方法参数”指示所用的方法（操作）。

“生存期参数”指示 UDP 多播数据包的寿命，仅当传送参数为 UDP、服务器地址参数为多播地址时才能使用。

“服务器地址参数”指示和该用户通信的服务器的地址，它会覆盖“主机”字段中的地址，通常为多播地址。

“传送参数”、“生存期参数”、“服务器地址参数”和“方法参数”均属于 URL 参数,只能在重定向地址,即后面所说的 Contact 字段中使用。

下面给出若干 SIP URL 的示例。

Sip;55500200@191.169.1.112;

其中,55500200 为用户名,191.169.1.112 为 IP 电话网关的 IP 地址。

Sip;55500200@127.0.0.1:5061;User=phone;

其中,55500200 为用户名,127.0.0.1 为主机的 IP 地址,5061 为主机端口号。用户参数为 phone,表示用户名为电话号码。

Sip:alice@registrar.com;method=REGISTER;

其中,alice 为用户名,registrar.com 为主机域名,方法参数为 REGISTER。

4)用户定位

用户定位基于登记。SIP 用户终端上电后即向登记服务器(SoftX3000)登记,SIP 专门为此定义了一个"登记"(REGISTER)请求消息,并规定了登记操作过程。

5)定位服务(location service)

SIP 重定位服务器或代理服务器用来获得被叫位置的一种服务,可由定位服务器提供,但 SIP 不规定 SIP 服务器如何请求定位服务。在华为 U-SYS 解决方案中,SoftX3000 兼任定位服务器的角色。

6)代理、代理服务器(proxy、proxy server)

作为一个逻辑网络实体代表客户端转发请求或者响应,可以同时作为客户端和服务器端。代理服务器有三种形态,即 stateless、stateful 和 call stateful,其可以采用分支、循环等方式向多个地址尝试转发请求。

代理服务器的主要功能包括路由、认证鉴权、计费监控、呼叫控制、业务提供等。在华为 U-SYS 解决方案中,SoftX3000 兼任代理服务器的角色。

7)重定向服务器(redirect server)

重定向服务器将请求中的目的地址映射为零个或多个新的地址,然后返回客户端,客户端直接再次向这些新的地址发起请求。重定向服务器并不接收或者拒绝呼叫,主要完成路由功能,与注册过程配合可以支持 SIP 终端的移动性。在华为 U-SYS 解决方案中,SoftX3000 兼任重定向服务器的角色。

8)注册员(registrar)

注册员为接收注册请求的服务器,通常与代理或者重定向服务器共存。注册员需要将注册请求中的地址映射关系保存到数据库中,供后续相关呼叫过程使用,同时可以提供定位服务。在华为 U-SYS 解决方案中,SoftX3000 兼任注册员的角色。

9)用户代理(user agent)

用来发起或者接收请求的逻辑实体称为用户代理。

10) 用户代理客户

发起请求的一方称为 UAC(user agent client)，如 SIP Phone 就是 UAC 的一种实际形态。

11) 用户代理服务器

接收请求的一方称为 UAS(user agent server)，如 SoftX3000 就是 UAS 的一种实际形态。

注意：UAC 和 UAS 的划分是针对一个事务而言的。

5.1.3　协议栈结构

SIP 栈结构如图 5.1 所示。

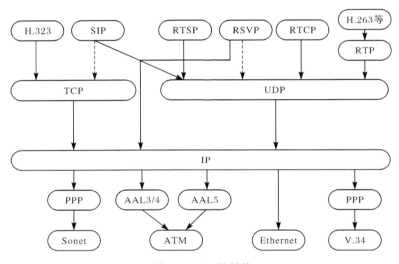

图 5.1　SIP 栈结构

SIP 是 IETF 多媒体数据和控制体系结构的一部分，与其他协议相互合作，例如，资源预留协议（resource reservation protocol）用于预约网络资源，RTP（real-time transmit protocol）用于传输实时数据并提供服务质量反馈，RTSP（real-time stream protocol）用于控制实时媒体流的传输，SAP（session announcement protocol）用于通过组播发布多媒体会话，SDP（session description protocol）用于描述多媒体会话，但是 SIP 的功能和实施并不依赖这些协议[3-5]。

传输层支持：SIP 承载在 IP 网络，网络层协议为 IP，传输层协议可用 TCP 或 UDP，推荐首选 UDP。

5.1.4　SIP 的应用

SoftX3000 通过 SIP/SIP-T 与其他软交换系统互通，以及与其他 SIP 域设备（如 SIP Phone 和 SIP Softphone 等）互通，SIP 在 NGN 中的典型应用如图 5.2 所示。

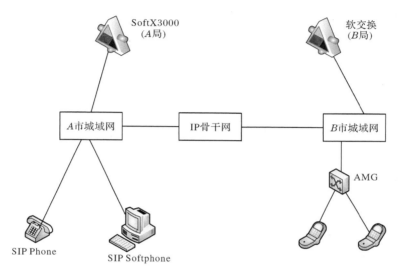

图 5.2　SIP 在 NGN 中的典型应用

5.2　协　议　消　息

5.2.1　消息类型

SIP 是以层协议的形式组成的，它的行为是以一套相对独立的处理阶段来描述的，每个阶段之间的关系不是很密切。SIP 将服务器和用户代理之间的通信消息分为两类：请求消息和响应消息[6]。

1）请求消息

请求消息是指用于客户端为了激活按特定操作而发给服务器的 SIP 消息，包括 INVITE、ACK、OPTIONS、BYE、CANCEL 和 REGISTER 消息等，各消息及其含义如表 5.1 所示。

表 5.1 请求消息

请求消息	消息含义
INVITE	发起会话请求,邀请用户加入一个会话,会话描述含于消息体中。对于两方呼叫来说,主叫方在会话描述中指示其能够接收的媒体类型及其参数。被叫方必须在成功响应消息的消息体中指明其希望接收哪些媒体,还可以指示其将发送的媒体。如果收到的是关于参加会议的邀请,则被叫方可以根据 Call-ID 或者会话描述中的标识确定用户已经加入该会议,并返回成功响应消息
ACK	证实已收到对于 INVITE 请求的最终响应,该消息仅和 INVITE 消息配套使用
BYE	结束会话
CANCEL	取消尚未完成的请求,对于已完成的请求(已收到最终响应的请求)则没有影响
REGISTER	注册
OPTIONS	查询服务器的能力

2)响应消息

响应消息用于对请求消息进行响应,指示呼叫的成功或失败状态。不同类的响应消息由状态码来区分。状态码包含三位整数,状态码的第一位用于定义响应类型,另外两位用于进一步对响应进行更加详细的说明。各响应消息分类和含义如表 5.2 所示。

表 5.2 响应消息

序号	状态码	消息功能
	信息响应(呼叫进展响应)	已经接收到请求消息,正在对其进行处理
	100	试呼叫
1xx	180	振铃
	181	呼叫正在前转
	182	排队
	成功响应	请求已经被成功接收、处理
2xx	200	OK
	重定向响应	需要采取进一步动作,以完成该请求
	300	多重选择
	301	永久迁移
	302	临时迁移
3xx	303	见其他
	305	使用代理
	380	代换服务

续表

序号	状态码	消息功能
	客户出错	请求消息中包含语法错误或者 SIP 服务器不能完成对该请求消息的处理
	400	错误请求
	401	无权
	402	要求付款
	403	禁止
	404	没有发现
	405	不允许的方法
	406	不接收
	407	要求代理权
	408	请求超时
	410	消失
	413	请求实体太大
	414	请求 URI 太大
4xx	415	不支持的媒体类型
	416	不支持的 URI 方案
	420	分机无人接听
	421	要求转机
	423	间隔太短
	480	暂时无人接听
	481	呼叫/事务不存在
	482	相环探测
	483	跳频太高
	484	地址不完整
	485	不清楚
	486	线路忙
	487	终止请求
	488	此处不接收
	491	代处理请求
	493	难以辨认
5xx	服务器出错	SIP 服务器故障，不能完成对正确消息的处理
	500	内部服务器错误

续表

序号	状态码	消息功能
5xx	501	没实现的
	502	无效网关
	503	不提供此服务
	504	服务器超时
	505	SIP 版本不支持
	513	消息太长
6xx	全局故障	请求不能在任何 SIP 服务器上实现
	600	全忙
	603	拒绝
	604	都不存在
	606	不接收

5.2.2　消息结构

请求消息和响应消息都包括 SIP 消息头字段和 SIP 消息体字段;SIP 消息头主要用来指明本消息是由谁发起和由谁接收,经过多少跳转等基本信息;SIP 消息体主要用来描述本次会话的具体实现方式。

1. 请求消息

1)请求消息结构

图 5.3 所示为 SIP 请求命令的格式,由起始行、消息头和消息体组成。通过换行符区分消息头中的每一条参数行。对于不同的请求消息,有些参数可选。

2)请求消息参数

下面仅对几个常用的参数字段进行说明。

(1) Call-ID:该字段用以唯一标识一个特定的邀请或标识某一客户的所有登记。

需要注意的是,一个多媒体会议可能有多个呼叫,每个呼叫有其自己的 Call-ID。例如,某用户可数次邀请某人参加同一历时很长的会议。用户也可能收到数个参加同一会议或呼叫的邀请,其 Call-ID 各不相同。用户可以利用会话描述中的标识,根据 SDP 中的 o(源)字段的会话标识和版本号判定这些邀请的重复性。

Call-ID 的一般格式如下:

Call-ID:本地标识@主机

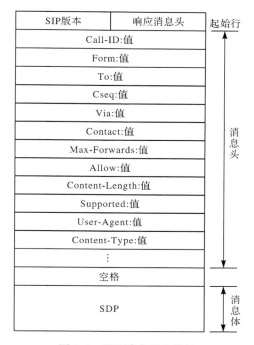

图 5.3　SIP 请求消息结构

　　其中,"主机"应为全局定义域名和全局可选路 IP 地址,此时,本地标识由在"主机"范围内唯一的 URI 字符组成,否则本地标识必须是全局唯一的值,以保证 Call-ID 的全局唯一性。Call-ID 字符需区分大小写。

　　Call-ID 示例:

　　Call-ID:call-973636852-4@191.169.150.101

　　其中,191.169.150.101 为主机的 IP 地址,call-973636852-4 为全局唯一的本地标识。

　　(2) From:所有请求和响应必须包含此字段,以指示请求的发起者。服务器将此字段从请求消息复制到响应消息。

　　该字段的一般格式如下:

　　From:显示名<SIP-URL>;tag＝xxxx

　　其中,"显示名"为用户界面上显示的字符,如果系统不予显示,则应置显示名为"匿名"(anonymous)。显示名为任选字段。tag 称为标记,为十六进制数字串,中间可带连字符"-"。当两个共享同一 SIP 地址的用户实例用相同的 Call-ID 发起呼叫邀请时,就需用此标记予以区分,标记值必须全局唯一。用户在整个呼叫期间应保持相同的 Call-ID 和标记值。

From 字段的示例:

From:＜sip:1000@191.169.200.61＞;tag＝1c17691

（3）To:该字段指明请求的接收者,其格式和 From 相同,仅第一个关键词代之以 To,所有请求和响应消息必须包含此字段。

字段中的标记参数可用于区分由同一 SIP URL 标识的不同用户实例。由于代理服务器可以并行分发多个请求,同一请求可能到达用户的不同实例（如住宅电话等）。由于每个实例都可能响应,所以需用标记来区分来自不同实例的响应。需要注意的是,To 字段中的标记是由每个实例至响应消息中的。

To 字段的示例:

To:＜Sip:1000@191.169.200.61＞

To:＜sip:1001@191.169.200.61＞;tag＝62beb3ca

注意,在 SIP 中,Call-ID、From 和 To 三个字段标识一个呼叫分支。在代理服务器并行分发请求时,一个呼叫可能有多个呼叫分支。

（4）Cseq:称为命令序号。客户在每个请求中应加入此字段,它由命令名称和一个十进制序号组成,该序号由请求客户选定,在 Call-ID 范围内唯一确定。序号初值可为任意值,其后具有相同 Call-ID 值,但不同命令名称、消息体的请求,其 Cseq 序号应加 1。重发请求的序号保持不变。服务器将请求中的 Cseq 值复制到响应消息中,用于将请求和其触发的响应相关联。

ACK 和 CANCEL 请求的 Cseq 值（十进制序号）和对应的 INVITE 请求相同,BYE 请求的 Cseq 序号应大于 INVITE 请求。服务器必须记忆相同 Call-ID 的 INVITE 请求的最高序号,收到序号低于此值的 INVITE 请求时应在给出响应后予以丢弃。

由代理服务器并行分发的请求,其 Cseq 值相同。严格来说,Cseq 对于任何可由 BYE 或 CANCEL 请求取消的请求以及客户可连续发送多个具有相同 Call-ID 请求的情况都是需要的,其作用是判定响应和请求的对应关系。

Cseq 字段的示例:

Cseq:1 INVITE

（5）Via:用以指示请求历经的路径,它可以防止请求消息传送产生环路,并确保响应和请求消息选择同样的路径,以保证通过防火墙或满足其他特定的选路要求。

发起请求的客户必须将其自身的主机名或网络地址插入请求的 Via 字段,如果未采用缺省端口号,还需插入此端口号。在请求前传过程中,每个代理服务器必须将其自身地址作为一个新的 Via 字段加在已有的 Via 字段之前。如果代理服务器收到一个请求,发现其自身地址位于 Via 头部中,则必须回送响应"检测到环路"。

　　当请求消息通过网络地址翻译点（如防火墙）时，请求的源地址和端口号可能被改变，此时 Via 字段就不能成为响应消息选路的依据。为了防止这一点，代理服务器应校验顶端 Via 字段，如果发现其值和代理服务器检测到的前站地址不符，则应在该 Via 字段中加入 receive 参数，如此修改后的字段称为"接收方标记 Via 头部字段"。例如：

　　Via:SIP/2.0/UDP softx3000.bell-telephone.com:5060

　　Via:SIP/2.0/UDP 10.0.0.1:5060;received=191.169.12.30

　　由点 10.0.0.1 发出的请求消息经外部地址为 191.169.12.30 的网络地址翻译点后，到达代理服务器 softx3000.bell-telephone.com。后者注意到前站发送地址和 Via 字段地址不符，就把实际发送地址作为接收方标记加在顶端 Via 字段的末尾，再将代理自己的地址作为新加的 Via 字段置于最上面。

　　若代理服务器向多播地址发送请求，则必须在其 Via 头部字段中加入"多播地址"（maddr）参数，此参数指明该多播地址。

　　代理服务器或 UAC 收到 Via 头部字段时的处理规则如下。

　　规则 1：第 1 个 Via 头部字段应该指示本代理服务器或 UAC。如果不是，则丢弃该消息，否则删除该 Via 字段。

　　规则 2：如果没有第 2 个 Via 头部字段，则该响应已经到达目的地，否则继续作如下处理。

　　规则 3：如果第 2 个 Via 头部字段包含 maddr 参数，则按该参数指示的多播地址发送响应，端口号由"发送方"参数指明，如未指明，就使用端口号 5060。响应的生存期应置为"生存期（ttl）"参数指定的值，如未指明，则置为 1。

　　规则 4：如果第 2 个 Via 字段不包含 maddr 参数，但有一个接收方标记字段，则应将该响应发往 received 参数指示的地址。

　　规则 5：如果既无 maddr 参数又无标记，就按发送方参数指示的地址发送响应。

　　Via 字段的一般格式如下：

　　Via:发送协议 发送方;隐藏参数;生存期参数;多播地址参数;接收方标记,分支参数

　　其中，发送协议的格式为"协议名/协议版本/传送层"，协议名和传送层的缺省值分别为 SIP 和 UDP。发送方为通常的发送方主机和端口号。隐藏参数就是关键词 hidden，如有此参数，则表示该字段已由上游代理予以加密，以提供隐私服务。多播地址参数和接收方标记的意义如前所述。生存期参数与多播地址参数配用。分支参数用于代理服务器并行分发请求时标记各个分支，当响应到达时，代理可判定是哪一分支的响应。

Via 字段的示例：

Via:SIP/2.0/UDP191.169.1.116:5061;ttl＝16;maddr＝191.169.10.20;branch＝z9hG4bkbc427dad6

（6）Contact：该字段用于 INVITE、ACK 和 REGISTER 请求以及成功响应、呼叫进展响应和重定向响应消息，其作用是给出其后和用户直接通信的地址。

INVITE 和 ACK 请求中的 Contact 字段指示该请求发出的位置。它使被叫可以直接将请求（如 BYE 请求）发往该地址，而不必借助 Via 字段经由一系列代理服务器返回。

对 INVITE 请求的成功响应消息可包含 Contact 字段，它使其后的 SIP 请求（如 ACK 请求）可直接发往该字段给定的地址。该地址一般是被叫主机的地址，如果该主机位于防火墙之后，则为代理服务器地址。

对应于 INVITE 请求的呼叫进展响应消息中包含的 Contact 字段的含义和成功响应消息相同。但是 CANCEL 请求不能直接发往该地址，必须沿原请求发送的路径前传。

REGISTER 请求中的 Contact 字段指明用户可达位置。该请求还定义了通配 Contact 字段"＊"，它只能和值为 0 的"失效"字段配用，表示去除某用户的所有登记。Contact 字段也可设定"失效"参数（任选），给定登记的失效时间。如果没有设定该参数，则用"失效"字段值作为其缺省值。如果两者均无，则认为 SIP URI 的失效时间为 1 小时。REGISTER 请求的成功响应消息中的 Contact 字段返回该用户当前可达的所有位置。

重定向响应消息，如用户临时迁移、永久迁移、地址模糊等消息中的 Contact 字段给出供重试的其他可选地址，可用于对 BYE、INVITE 和 OPTIONS 请求的响应消息。

Contact 字段的一般格式如下：

Contact:地址;q 参数;动作参数;失效参数;扩展属性

其中，地址的表示形式和 To、From 字段相同。q 参数的取值范围为[0,1]，指示给定位置的相对优先级，数值越大，优先级越高。动作参数仅用于 REGISTER 请求，它表明希望服务器对其后至该客户的请求进行代理服务还是重定向服务。如果未含此参数，则执行动作取决于服务器的配置。失效参数指明 URI 的有效时间，可用秒表示，也可用 SIP 日期表示。扩展属性就是扩展名。

Contact 字段的示例：

Contact:＜Sip:66500002@191.169.1.110:5061＞;q＝0.7;expires＝3600

（7）Max-Forwards：该字段用于定义一个请求到达其目的地址所允许经过的中转站的最大值，请求每经过一个中转站，该值减 1。如果该值为 0 时该请求还没有到达其目的地址，则服务器将回送 483（too many hops）响应并终止这个请求。

设置该字段的目的主要是出现环路时不会一直消耗代理服务器的资源,该字段的初始值为 70。

Max-Forwards 字段的一般格式如下:

Max-Forwards:十进制整数

(8) Allow:该字段给出代理服务器支持的所有请求消息类型列表。

Allow 字段的示例:

Allow:INVITE,ACK,OPTIONS,CANCEL,BYE

(9) Content-Length:该字段表示消息体的大小,为十进制值。应用程序使用该字段表示要发送的消息体的大小,而不考虑实体的媒体类型。如果使用基于流的协议(如 TCP)作为传输协议,则必须使用此消息头字段。

消息体的长度不包括用于分离消息头部和消息体的空白行。Content-Length 值必须大于等于 0。如果消息中没有消息体,则 Content-Length 头字段值必须设为 0。

SDP 用于构成请求消息和 2xx 响应消息的消息体。

Content-Length 字段的一般格式如下:

Content-Length:十进制值

Content-Length 字段的示例:

Content-Length:349

表示消息体的长度为 349B。

(10) Content-Type:该字段表示发送的消息体的媒体类型。如果消息体不为空,则必须存在 Content-Type 头字段。如果消息体为空且 Content-Type 头字段存在,则表示此类型的消息体长度为 0(如一个空的声音文件)。

Content-Type 字段的示例:

Content-Type:application/sdp

(11) Supported:SIP 中定义的 100 类临时响应消息的传输是不可靠的,即 UAS 发送临时响应后并不能保证 UAC 端能够接收到该消息。

如果需要在该响应消息中携带媒体信息,那么就必须保证该消息能够可靠地传输到对端。100rel 扩展为 100 类响应消息的可靠传输提供了相应的机制,100rel 新增加了对临时响应消息的确认请求方法 PRACK。

如果 UAC 支持该扩展,则在发送的消息中增加 Supported:100rel 头域和字段。如果 UAS 支持该扩展,则在发送 100 类响应时增加 Require:100rel 头域和字段。UAC 收到该响应消息后需要向 UAS 发送 PRACK 请求通知 UAS 已收到该临时响应。UAS 向 UAC 发送对 PRACK 的 2xx 响应消息结束对该临时响应的确认过程。

如果某一用户代理想要在发送的临时响应消息中携带 SDP 消息体,那么 UAC 和 UAS 都必须支持和使用 100rel 扩展,以保证该消息的可靠传输。

Supported 字段的示例:

`Supported:100rel`

(12) User-Agent:User-Agent 头字段包含发起请求的用户终端的信息。

显示用户代理的软件版本信息可能令用户在使用有安全漏洞的软件时易受到外界攻击,因此,应该使 User-Agent 头字段成为可选配置项。

User-Agent 字段的示例:

`User-Agent:Softphone Beta1.5`

(13) Expires:该头字段指定了消息(或消息内容)多长时间之后超时。

Expires 字段的示例:

`Expires:5`

(14) Accept-Language:该头字段用在请求消息中,表示原因短语、会话描述或应答消息中携带的状态应答内容的首选语言类型。如果消息中没有 Accept-Language 头字段,则服务器端认为客户端支持所有语言。

Accept-Language 字段的示例:

`Accept-Language:en`

(15) Authorization:该字段包含某个终端的鉴权证书。

终端向服务器端请求认证的一般过程如下。

终端发起请求时如果服务器端需要对用户进行认证,那么会在本地产生本次认证的 NONCE,并且通过认证请求头域将所有必要的参数返回给终端,从而发起对用户认证的过程。

终端收到认证请求消息后根据服务器端返回的信息和用户配置等信息采用特定的算法生成加密的 RESPONSE,并且通过新的请求消息发送给服务器端。

服务器端在收到带有认证响应的新的请求消息后首先检查 NONCE 的正确性。如果 NONCE 不是本地产生的,则直接返回失败;如果 NONCE 是本地产生的,但是认证过程已经超时,则服务器端会重新产生 NONCE 并重新发起对用户的认证过程,老的 NONCE 会通过 CNONCE 参数返回。

NONCE 验证通过后,服务器端会根据 NONCE、用户名、密码(服务器端可以根据本地用户信息获取用户的密码)、URI 等采用和终端相同的算法生成 RESPONSE,并且将此 RESPONSE 和请求消息中的 RESPONSE 进行比较,如果二者一致则用户认证成功,否则认证失败。

Authorization 字段的一般格式如下:

`Authorization:认证方式 USERNAME, REALM, NONCE, RESPONSE, URI, CNONCE, ALGORITHM`

认证方式有 DIGEST、BASIC、CHAP-PASSWORD、CARDDIGEST 等,其中 DIGEST 为 HTTP-DIGEST 认证方式。目前 SoftX3000 只支持 HTTP-DIGEST 方式,以后为了实现 Uniphone 的卡号呼叫还会加入卡号认证的 CARDDIGEST 方式。

USERNAME:被认证用户的用户名。

REALM:用于标识发起认证过程的域。

NONCE:由发起认证过程的实体产生的加密因子。

RESPONSE:终端在收到服务器的认证请求后根据服务器端产生的 NONCE、用户名、密码、URI 等信息经过一定的算法生成的一个字符串。该字符串中包含了经过加密后的用户密码(在认证过程中处理用户密码之外的其他信息都会通过 SIP 消息以明文的方式在终端和服务器端进行传递)。

URI:发起的呼叫请求消息的 Request-URI。由于终端在收到认证请求后需要重新向服务器端发起请求(其中带有认证响应信息)。该请求消息在经过网络服务器时某些字段(包括 Request-URI)都有可能被修改。认证头域的 URI 参数用于传递终端发起请求时原始消息的 Request-URI 对认证信息进行的认证,这样才能保证认证过程的正确性。

CNONCE:如果在服务器端超时后终端才向服务器返回了带有认证响应的新的请求消息,则服务器端需要重新产生 NONCE 对用户进行认证。其中 NONCE 中带有新的 NONCE,老的 NONCE 会通过 CNONCE 参数返回终端。

ALGORITHM:用于传递生成 RESPONSE 的算法。

Authorization 字段的示例:

Authorization:DIGEST USERNAME="6540012",REALM="biloxi.com",NONCE ="200361722310491179922", RESPONSE="b7c848831dc489f8dc663112b21ad3b6", URI="sip:191.169.150.30"

3)请求消息示例

SIP 请求消息编码的示例如下:

INVITE sip:66500002@191.169.1.110 SIP/2.0

From:<sip:44510000@191.169.1.116>;tag=1ccb6df3

To:<sip:66500002@191.169.1.110>

CSeq:1 INVITE

Call-ID:20973e49f7c52937fc6be224f9e52543@sx3000

Via:SIP/2.0/UDP 191.169.1.116:5061;branch=z9hG4bkbc427dad6

Contact:<sip:44510000@191.169.1.116:5061>

Supported:100rel,100rel

Max-Forwards:70

```
Allow:INVITE,ACK,CANCEL,OPTIONS,BYE,REGISTER,PRACK,INFO,UPDATE,SUB-
      SCRIBE,NOTIFY,MESSAGE,REFER
Content-Length:230
Content-Type:application/sdp

v:0
o:SoftX3000 1073741831 1073741831 IN IP4 191.169.1.116
s:Sip Call
c:IN IP4 191.169.1.95
t:0 0
m:audio 30000 RTP/AVP 8 0 4 18
a:rtpmap:8 PCMA/8000
a:rtpmap:0 PCMU/8000
a:rtpmap:4 G723/8000
a:rtpmap:18 G729/8000
```

第 1 行:请求起始行,INVITE 请求消息。请求 URI,即被邀用户的当前地址为 sip:66500002@191.169.1.110。SIP 版本号为 2.0。

第 2 行:From 字段,指明请求发起方的地址为＜sip:44510000@191.169.1.116＞。标记为 1ccb6df3,用于共享同一 SIP 地址的不同用户用相同的 Call-ID 发起呼叫邀请时,对用户进行区分。

第 3 行:To 字段,指明请求接收方的地址为＜sip:66500002@191.169.1.110＞。

从 From 和 To 字段可以看出:IP 地址为 191.169.1.116 的 SoftX3000 控制下的终端 44510000 拨打 IP 地址为 191.169.1.110 的 SoftX3000 控制下的 66500002 终端。终端类型可以为 SIP、H.323、IAD/AG 下挂的 ESL 等。

第 4 行:Cseq 字段,用于将 INVITE 请求和其触发的响应、对应的 ACK、CANCEL 请求相关联。

第 5 行:Call-ID 字段,该字段唯一标识一个特定的邀请,全局唯一。Call-ID 为 20973e49f7c52937fc6be224f9e52543@sx3000,sx3000 为发起呼叫的 SoftX3000 的域名,20973e49f7c52937fc6be224f9e52543 为本地标识。

第 6 行:Via 字段,该字段用于指示该请求历经的路径。SIP/2.0/UDP 表示发送的协议的协议名为 SIP,协议版本号为 2.0,传输层为 UDP;191.169.1.116:5061 表示发送方 SoftX3000 IP 地址为 191.169.1.116,端口号为 5061;branch＝z9hG4bkbc427dad6 为分支参数,SoftX3000 并行分发请求时标记各个分支。

第 7 行:Contact 字段,指示其后的请求(如 BYE 请求)可以直接发往＜sip:

44510000@191.169.1.116:5061>,而不必借助 Via 字段。

第 8 行:100rel 扩展,该字段为 100 类响应消息的可靠传输提供了相应的机制。

第 9 行:Max-Forwards 字段,表示该请求到达其目的地址所允许经过的中转站的最大值为 70。

第 10~11 行:Allow 字段,给出 IP 地址为 191.169.1.116 的 SoftX3000 支持的请求消息类型列表。

第 12 行:Content-Length 字段,表示消息长度为 230B。

第 13 行:Content-Type 字段,表示消息中携带的消息体是单消息体且为 SDP。

第 14 行:空行,表示下面为 SDP 会话描述。

第 15 行:SDP 版本号,目前为 0 版本。

第 16 行:会话拥有者/创建者和会话标识,用于给出会话的发起者(其用户名和用户主机地址)以及会话标识和会话版本号。SoftX3000 为用户名,用户名是用户在发起主机上的登录名,如果主机不支持用户标识的概念,则该字段标记为"–"。第一个 1073741831 为会话标识,会话标识为一数字串,使得多元组(用户名、会话标识、网络类型、地址类型、地址)构成会话的全球唯一的标识符。第二个 1073741831 为版本号,指该会话公告的版本。供代理服务器检测同一会话的若干公告哪一个是最新公告。其基本要求是会话数据修改后,其版本号应递增。IN 指网络类型,为文本串形式,目前规定的 IN 为 Internet。IP4 指地址类型,为文本串形式,目前已定义的有 IP4 和 IP6 两种。191.169.1.116 为创建会话的主机的 IP 地址。对于 IP4 地址类型,可以是域名全称或点分十进制 IP4 地址表示形式。对于 IP6 地址类型,可以是域名全称或压缩文本 IP6 地址表示形式。

第 17 行:会话名。每个会话描述必须有一个且只有一个会话名。

第 18 行:连接数据。网络类型和地址类型目前的定义值仅限于 IN 和 IP4。191.169.1.95 为 SoftX3000(IP 地址 191.169.1.116)控制下的终端的 IP 地址(终端类型为 SIP、H.323 电话或 IAD/AG 下挂的 ESL 电话)。

第 19 行:时间描述,给出会话激活的时间区段,允许会话周期性发生。0 表示起始时间。该字段的格式为"t:<起始时间><终止时间>"。其中起始时间和终止时间值为 NTP(network time protocol)时间值的十进制表示,单位为秒。

第 20 行:媒体级描述,该部分给出只适用于该媒体流的信息。audio 表示媒体类型为音频。目前定义的媒体类型有 5 种:音频、视频、应用、数据和控制。30000 指明媒体流发往的传送层端口,即终端的 UDP 端口号(终端类型为 SIP、H.323电话或 IAD/AG 下挂的 ESL 电话)。RTP/AVP 为传送层协议,其值和第 18 行中的地址类型有关,对于 IP4 来说,大多数媒体业务流都在 RTP/UDP 上传送,已定义两类协议:RTP/AVP,音频/视频应用文档,在 UDP 上传送;Udp 指 UDP。"8 0 4 18"对于音频和视频来说,就是 RTP 音频/视频应用文档中定义的媒体静荷类型。表示会话中所有这些格式都可能被用到,但第一个格式是会话的缺省格式。该行总体表示,缺省 A 律 PCM 编码单信道音频信号,其在 RTP 音频/视频应用文档中的静态静荷类型号为 8,该信号发往 UDP 端口 30000。

第 21～24 行:rtpmap 属性行,指明从 RTP 静荷类型至编码的映射关系。该行的格式为"a:rtpmap:＜静荷类型＞＜编码名＞/＜时钟速率＞[/＜编码参数＞]"。其中,＜编码参数＞指的就是音频信道数,对于视频信号尚无编码参数。

2. 响应消息

1）响应消息结构

图 5.4 所示为 SIP 响应消息的格式,由起始行、消息头和消息体组成。通过换行符区分消息头中的每一行参数。对于不同的响应消息,有些参数可选。

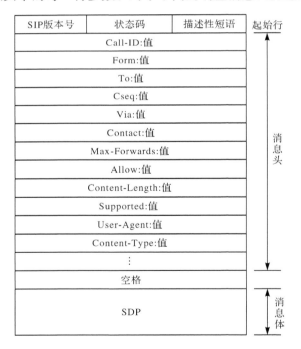

图 5.4　SIP 响应消息结构

2）响应消息参数

响应消息参数请参考前述的"请求消息参数"。

3）响应消息示例

SIP 响应消息编码的示例如下：

SIP/2.0 180 Ringing

From:<sip:44510000@191.169.1.116>;tag=1ccb6df3

To:<sip:66500002@191.169.1.110>;tag=58877b85

Cseq:1 INVITE

Call-ID:20973e49f7c52937fc6be224f9e52543@sx3000

Via:SIP/2.0/UDP 191.169.1.116:5061;branch=z9hG4bkbc427dad6

Require:100rel

RSeq:1

Contact:<sip:66500002@191.169.1.110:5061;transport=udp>

Content-Length:157

Content-Type:application/sdp

v=0

o=SoftX3000 1073741824 1073741824 IN IP4 191.169.1.110

s=Sip Call

c=IN IP4 191.169.1.135

t=0 0

m=audio 30016 RTP/AVP 8

a=rtpmap:8 PCMA/8000

第 1 行：SIP，版本号为 2.0，状态码为 180。Ringing 为注释短语，表示向被叫送振铃。

第 2～3 行：请参考"请求消息示例"相关介绍。

第 4 行：Cseq 字段，用于将 INVITE 请求和其触发的响应、对应的 ACK、CANCEL 请求相关联。该响应消息和上文中的请求消息 Cseq 字段相同，均为"1 INVITE"，表明该响应消息由上文中的请求消息触发。

第 5～11 行：请参考"请求消息示例"相关介绍。

第 12 行：空行，表示下面为 SDP 会话描述。

第 13 行：SDP 版本号，目前为 0 版本。

第 14 行：会话拥有者/创建者和会话标识，用于给出会话的发起者（其用户名和用户主机地址）以及会话标识和会话版本号。SoftX3000 为用户名，用户名是用户在发起主机上的登录名，如果主机不支持用户标识的概念，则该字段标记为"-"。第一个 1073741824 为会话标识，会话标识为一数字串，使得多元组（用户名、会话标识、网络类型、地址类型、地址）构成会话的全球唯一的标识符。第二个

1073741824 为版本号,指该会话公告的版本。供代理服务器检测同一会话的若干公告哪一个是最新公告。其基本要求是会话数据修改后,其版本号应递增。IN 指网络类型,为文本串形式,目前规定的 IN 为 Internet。IP4 指地址类型,为文本串形式,目前已定义的有 IP4 和 IP6 两种。191.169.1.110 为创建会话的主机的 IP 地址。

第 15 行:会话名。每个会话描述必须有一个且只有一个会话名。

第 16 行:连接数据。网络类型和地址类型目前的定义值仅限于 IN 和 IP4。191.169.1.135 为 SoftX3000(IP 地址 191.169.1.110)控制下的终端的 IP 地址(终端类型为 SIP、H.323 电话或 IAD/AG 下挂的 ESL 电话)。

第 17 行:时间描述,给出会话激活的时间区段,允许会话周期性发生。

第 18 行:媒体级描述,该部分给出只适用于该媒体流的信息。audio 表示媒体类型为音频。30016 指明媒体流发往的传送层端口,即终端的 UDP 端口号(终端类型为 SIP、H.323 电话或 IAD/AG 下挂的 ESL 电话)。RTP/AVP 为传送层协议,其值和第 16 行中的地址类型有关,对于 IP4 来说,大多数媒体业务流都在 RTP/UDP 上传送,已定义如下两类协议:RTP/AVP,音频/视频应用文档,在 UDP 上传送;Udp 即 UDP。8 就是 RTP 音频/视频应用文档中定义的媒体静荷类型。

第 19 行:rtpmap 属性行,指明从 RTP 静荷类型至编码的映射关系。RTP 静荷类型 8 对应的编码为 PCMA。

5.3　基本消息流程

5.3.1　SIP 用户注册流程

用户每次开机时都需要向服务器注册,当 SIP 客户端的地址发生改变时也需要重新注册,注册信息必须定期刷新。下面以 SIP Phone 向 SoftX3000 注册的流程为例,说明 SIP 用户的注册流程,如图 5.5 所示。

下面的实例基于以下约定。

(1) SoftX3000 的 IP 地址为 191.169.150.30。

(2) SIP Phone 的 IP 地址为 191.169.150.251。

(3) SIP Phone 向 SoftX3000 请求登记。

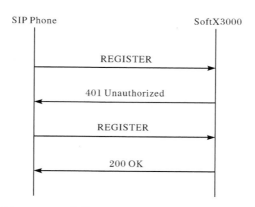

图 5.5　SIP 实体和 SIP 服务器之间的登记流程

事件 1：SIP Phone 向 SoftX3000 发起注册请求，汇报其已经开机或重启动。下面是 REGISTER 请求消息编码的示例：

REGISTER sip:191.169.150.30 SIP/2.0

From:sip:6540012@191.169.150.30;tag＝16838c16838

To:sip:6540012@191.169.150.30;tag＝946e6f96

Call-ID:1-reg@191.169.150.251

Cseq:2762 REGISTER

Contact:sip:6540012@191.169.150.251

Expires:100

Content-Length:0

Accept-Language:en

Supported:sip-cc,sip-cc-01,timer

User-Agent:Pingtel/1.2.7(VxWorks)

Via:SIP/2.0/UDP 191.169.150.251

第 1 行：请求起始行，REGISTER 请求消息，表示终端向 IP 地址为 191.169.150.30 的 SoftX3000 发起登记，SIP 版本号为 2.0。

第 2 行：From 字段，指明该 REGISTER 请求消息由 SoftX3000（IP 地址为 191.169.150.30）控制的 SIP Phone 发起。

第 3 行：To 字段，指明 REGISTER 请求接收方的地址。此时 REGISTER 请求的接收方的 IP 地址为 191.169.150.30 的 SoftX3000。

第 4 行：Call-ID 字段，该字段唯一标识一个特定的邀请，全局唯一。Call-ID 为 1-reg@191.169.150.251，191.169.150.251 为发起 REGISTER 请求的 SIP Phone 的 IP 地址，1-reg 为本地标识。

第 5 行：Cseq 字段，用于将 REGISTER 请求和其触发的响应相关联。

第 6 行：Contact 字段，在 REGISTER 请求中的 Contact 字段指明用户可达位置，表示 SIP Phone 当前的 IP 地址为 191.169.150.251，电话号码为 6540012。

第 7 行：表示该登记生存期为 100s。

第 8 行：表明此请求消息消息体的长度为空，即此消息不带会话描述。

第 9 行：表示原因短语、会话描述或应答消息中携带的状态应答内容的首选语言为英语。

第 10 行：表示发送该消息的用户代理实体支持 sip-cc、sip-cc-01 以及 timer 扩展协议。其中，timer 表示终端支持 session-timer 扩展协议。

第 11 行：发起请求的用户终端的信息，此时为 SIP Phone 的型号和版本。

第 12 行：Via 字段，该字段用于指示该请求历经的路径。SIP/2.0/UDP 表示发送的协议的协议名为 SIP，协议版本号为 2.0，传输层为 UDP；191.169.150.251 表示该请求消息发送方 SIP 终端 IP 地址为 191.169.150.251。

事件 2：SoftX3000 返回 401 Unauthorized（无权）响应，表明 SoftX3000 端要求对用户进行认证，并且通过 WWW-Authenticate 字段携带 SoftX3000 支持的认证方式 DIGEST 和 SoftX3000 域名 biloxi.com，产生本次认证的 NONCE，并且通过该响应消息将这些参数返回给终端，从而发起对用户的认证过程。示例如下：

```
SIP/2.0 401 Unauthorized
From:<sip:6540012@191.169.150.30>;tag=16838c16838
To:<sip:6540012@191.169.150.30>;tag=946e6f96
CSeq:2762 REGISTER
Call-ID:1-reg@191.169.150.251
Via:SIP/2.0/UDP 191.169.150.251
WWW-Authenticate: Digest  realm = " biloxi. com ", nonce =
"2003617223104911790922"
Content-Length:0
```

事件 3：SIP Phone 重新向 SoftX3000 发起注册请求，携带 Authorization 字段，包括认证方式 DIGEST、SIP Phone 的用户标识（此时为电话号码）、SoftX3000 的域名、NONCE、URI 和 RESPONSE（SIP Phone 收到 401 Unauthorized 响应后根据服务器端返回的信息和用户配置等信息采用特定的算法生成加密的 RESPONSE）字段。下面是 REGISTER 请求消息编码的示例：

```
REGISTER sip:191.169.150.30 SIP/2.0
From:sip:6540012@191.169.150.30;tag=16838c16838
To:sip:6540012@191.169.150.30;tag=946e6f96
Call-Id:1-reg@191.169.150.251
```

Cseq:2763 REGISTER

Contact:sip:6540012@191.169.150.251

Expires:100

Content-Length:0

Accept-Language:en

Supported:sip-cc,sip-cc-01,timer

User-Agent:Pingtel/1.2.7 (VxWorks)

Authorization:DIGEST USERNAME＝"6540012",REALM＝"biloxi.com",NONCE＝
"20036172231049117922",RESPONSE＝"b7c848831dc489f8dc663112b21ad3b6",
URI＝"sip:191.169.150.30"

Via:SIP/2.0/UDP 191.169.150.251

　　事件 4:SoftX3000 收到 SIP Phone 的注册请求,首先检查 NONCE 的正确性,如果和在 401 Unauthorized 响应中产生的 NONCE 相同,则通过,否则直接返回失败。然后,SoftX3000 会根据 NONCE、用户名、密码(服务器端可以根据本地用户信息获取用户的密码)、URI 等采用和终端相同的算法生成 RESPONSE,并且将此 RESPONSE 和请求消息中的 RESPONSE 进行比较,如果二者一致则用户认证成功,否则认证失败。此时,SoftX3000 返回 200 OK 响应消息,表明终端认证成功:

SIP/2.0 200 OK

From:＜sip:6540012@191.169.150.30＞;tag＝16838c16838

To:＜sip:6540012@191.169.150.30＞;tag＝946e6f96

CSeq:2763 REGISTER

Call-ID:1-reg@191.169.150.251

Via:SIP/2.0/UDP 191.169.150.251

Contact:＜sip:6540012@191.169.150.251＞;expires＝3600

Content-Length:0

5.3.2　成功的 SIP 用户呼叫流程

　　在同一 SoftX3000 控制下的两个 SIP 用户之间成功呼叫的呼叫流程应用实例如图 5.6 所示。

　　下面的示例基于以下约定。

　　(1) SoftX3000 的 IP 地址为 191.169.200.61。

　　(2) SIP PhoneA 的 IP 地址为 191.169.150.101。

　　(3) SIP PhoneB 的 IP 地址为 191.169.150.100。

　　(4) SIP PhoneA 为主叫,SIP PhoneB 为被叫,主叫先挂机。

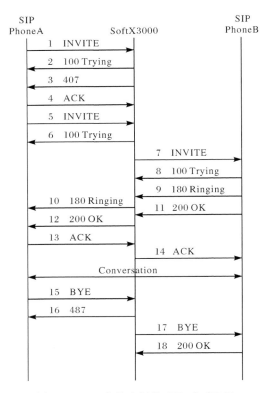

图 5.6　SIP 实体之间的 SIP 呼叫流程

（5）SIP PhoneA 的电话号码为 1000，SIP PhoneB 的电话号码为 1001。

事件 1：SIP PhoneA 发送 INVITE 请求到 SoftX3000，请求 SoftX3000 邀请 SIP PhoneB 加入会话。SIP PhoneA 还通过 INVITE 消息的会话描述，将自身的 IP 地址 191. 169. 150. 101、端口号 8766、静荷类型、静荷类型对应的编码等信息传送给 SoftX3000。示例代码如下：

```
INVITE sip:1001@191.169.200.61 SIP/2.0
From:sip:1000@191.169.200.61;tag＝1c12674
To:sip:1001@191.169.200.61
Call-Id:call-973598097-16@191.169.150.101
Cseq:1 INVITE
Contact:sip:1000@191.169.150.101
Content-Type:application/sdp
Content-Length:203
Accept-Language:en
```

Allow: INVITE, ACK, CANCEL, BYE, REFER, OPTIONS, NOTIFY, REGISTER, SUB-
SCRIBE

Supported:sip-cc,sip-cc-01,timer

User-Agent:Pingtel/1.2.7 (VxWorks)

Via:SIP/2.0/UDP 191.169.150.101

v＝0

o＝Pingtel 5 5 IN IP4 191.169.150.101

s＝phone-call

c＝IN IP4 191.169.150.101

t＝0 0

m＝audio 8766 RTP/AVP 0 96 8

a＝rtpmap:0 pcmu/8000/1

a＝rtpmap:96 telephone-event/8000/1

a＝rtpmap:8 pcma/8000/1

每行的详细解释请参考 5.2.2 节中关于"请求消息示例"的相关介绍。

事件 2:SoftX3000 给 SIP PhoneA 返回 100 Trying 表示已经接收到请求消
息,正在对其进行处理。示例代码如下:

SIP/2.0 100 Trying

From:＜sip:1000@191.169.200.61＞;tag＝1c12674

To:＜sip:1001@191.169.200.61＞

CSeq:1 INVITE

Call-ID:call-973598097-16@191.169.150.101

Via:SIP/2.0/UDP 191.169.150.101

Content-Length:0

事件 3:SoftX3000 给 SIP PhoneA 发送 407 Proxy Authentication Required
响应,表明 SoftX3000 端要求对用户进行认证,并且通过 Proxy-Authenticate 字段
携带 SoftX3000 支持的认证方式 DIGEST 和 SoftX3000 域名 biloxi.com,产生本
次认证的 NONCE,并且通过该响应消息将这些参数返回给终端,从而发起对用户
的认证过程。示例代码如下:

SIP/2.0 407 Proxy Authentication Required

From:＜sip:1000@191.169.200.61＞;tag＝1c12674

To:＜sip:1001@191.169.200.61＞;tag＝de40692f

CSeq:1 INVITE

Call-ID:call-973598097-16@191.169.150.101

Via:SIP/2.0/UDP 191.169.150.101

Proxy-Authenticate:Digest realm＝"biloxi.com",nonce＝"1056131458"

Content-Length:0

事件4:SIP PhoneA 发送 ACK 消息给 SoftX3000,证实已经收到 SoftX3000 对于 INVITE 请求的最终响应。示例代码如下:

ACK sip:1001@191.169.200.61 SIP/2.0

Contact:sip:1000@191.169.150.101

From:＜sip:1000@191.169.200.61＞;tag＝1c12674

To:＜sip:1001@191.169.200.61＞;tag＝de40692f

Call-Id:call-973598097-16@191.169.150.101

Cseq:1 ACK

Accept-Language:en

User-Agent:Pingtel/1.2.7 (VxWorks)

Via:SIP/2.0/UDP 191.169.150.101

Content-Length:0

事件 5:SIP PhoneA 重新发送 INVITE 请求到 SoftX3000。携带 Proxy-Authorization字段,包括认证方式 DIGEST、SIP Phone 的用户标识(此时为电话号码)、SoftX3000 的域名、NONCE、URI 和 RESPONSE(SIP PhoneA 收到 407 响应后根据服务器端返回的信息和用户配置等信息采用特定的算法生成加密的RESPONSE)字段。示例代码如下:

INVITE sip:1001@191.169.200.61 SIP/2.0

From:sip:1000@191.169.200.61;tag＝1c12674

To:sip:1001@191.169.200.61

Call-Id:call-973598097-16@191.169.150.101

Cseq:2 INVITE

Contact:sip:1000@191.169.150.101

Content-Type:application/sdp

Content-Length:203

Accept-Language:en

Allow: INVITE, ACK, CANCEL, BYE, REFER, OPTIONS, NOTIFY, REGISTER, SUB-SCRIBE

Supported:sip-cc,sip-cc-01,timer

User-Agent:Pingtel/1.2.7 (VxWorks)

Proxy-Authorization:DIGEST USERNAME ＝ "1000", REALM ＝ "biloxi.com", NONCE＝"1056131458",RESPONSE＝"1b5d3b2a5441cd13c1f2e4d6a7d5074d", URI＝"sip:1001@191.169.200.61"

Via:SIP/2.0/UDP 191.169.150.101

v=0

o=Pingtel 5 5 IN IP4 191.169.150.101

s=phone-call

c=IN IP4 191.169.150.101

t=0 0

m=audio 8766 RTP/AVP 0 96 8

a=rtpmap:0 pcmu/8000/1

a=rtpmap:96 telephone-event/8000/1

a=rtpmap:8 pcma/8000/1

事件 6：SoftX3000 给 SIP PhoneA 返回 100 Trying 表示已经接收到请求消息，正在对其进行处理。示例代码如下：

SIP/2.0 100 Trying

From:<sip:1000@191.169.200.61>;tag=1c12674

To:<sip:1001@191.169.200.61>

CSeq:2 INVITE

Call-ID:call-973598097-16@191.169.150.101

Via:SIP/2.0/UDP 191.169.150.101

Content-Length:0

事件 7：SoftX3000 向 SIP PhoneB 发送 INVITE 消息，请求 SIP PhoneB 加入会话，并且通过该 INVITE 请求消息携带 SIP PhoneA 的会话描述给 SIP PhoneB。示例代码如下：

INVITE sip:1001@191.169.150.100 SIP/2.0

From:<sip:1000@191.169.200.61>;tag=1fd84419

To:<sip:1001@191.169.150.100>

CSeq:1 INVITE

Call-ID:1746ac508a14feaaccb35e4a35ea1768@sx3000

Via:SIP/2.0/UDP 191.169.200.61:5061;branch=z9hG4bK8fd4310b0

Contact:<sip:1000@191.169.200.61:5061>

Supported:100rel,100rel

Max-Forwards:70

Allow:INVITE,ACK,CANCEL,OPTIONS,BYE,REGISTER,PRACK,INFO,UPDATE,SUB-SCRIBE,NOTIFY,MESSAGE,REFER

Content-Length:183

Content-Type:application/sdp

```
v＝0
o＝SoftX3000 1073741833 1073741833 IN IP4 191.169.200.61
s＝Sip Call
c＝IN IP4 191.169.150.101
t＝0 0
m＝audio 8766 RTP/AVP 0 8
a＝rtpmap:0 PCMU/8000
a＝rtpmap:8 PCMA/8000
```

事件 8:SIP PhoneB 给 SoftX3000 返回 100 Trying 表示已经接收到请求消息,正在对其进行处理。示例代码如下:

```
SIP/2.0 100 Trying
From:＜sip:1000@191.169.200.61＞;tag＝1fd84419
To:＜sip:1001@191.169.150.100＞;tag＝4239
Call-Id:1746ac508a14feaaccb35e4a35ea1768@sx3000
Cseq:1 INVITE
Via:SIP/2.0/UDP 191.169.200.61:5061;branch＝z9hG4bK8fd4310b0
Contact:sip:1001@191.169.150.100
User-Agent:Pingtel/1.0.0 (VxWorks)
CONTENT-LENGTH:0
```

事件 9:SIP PhoneB 振铃,并返回 180 Ringing 消息响应通知 SoftX3000。示例代码如下:

```
SIP/2.0 180 Ringing
From:＜sip:1000@191.169.200.61＞;tag＝1fd84419
To:＜sip:1001@191.169.150.100＞;tag＝4239
Call-Id:1746ac508a14feaaccb35e4a35ea1768@sx3000
Cseq:1 INVITE
Via:SIP/2.0/UDP 191.169.200.61:5061;branch＝z9hG4bK8fd4310b0
Contact:sip:1001@191.169.150.100
User-Agent:Pingtel/1.0.0 (VxWorks)
CONTENT-LENGTH:0
```

事件 10:SoftX3000 返回 180 Ringing 消息响应给 SIP PhoneA,SIP PhoneA 听回铃音。示例代码如下:

```
SIP/2.0 180 Ringing
From:＜sip:1000@191.169.200.61＞;tag＝1c12674
To:＜sip:1001@191.169.200.61＞;tag＝e110e016
```

CSeq:2 INVITE

Call-ID:call-973598097-16@191.169.150.101

Via:SIP/2.0/UDP 191.169.150.101

Contact:＜sip:1001@191.169.200.61:5061;transport＝udp＞

Content-Length:0

事件 11:SIP PhoneB 给 SoftX3000 返回 200 OK 响应表示其发送的 INVITE
请求已经被成功接收、处理。并且通过该消息将自身的 IP 地址 191.169.150.
100、端口号 8766、静荷类型、静荷类型对应的编码等信息传送给 SoftX3000。示例
代码如下:

SIP/2.0 200 OK

From:＜sip:1000@191.169.200.61＞;tag＝1fd84419

To:＜sip:1001@191.169.150.100＞;tag＝4239

Call-Id:1746ac508a14feaaccb35e4a35ea1768@sx3000

Cseq:1 INVITE

Content-Type:application/sdp

Content-Length:164

Via:SIP/2.0/UDP 191.169.200.61:5061;branch＝z9hG4bK8fd4310b0

Session-Expires:36000

Contact:sip:1001@191.169.150.100

Allow:INVITE, ACK, CANCEL, BYE, REFER, OPTIONS, NOTIFY

User-Agent:Pingtel/1.0.0 (VxWorks)

v＝0

o＝Pingtel 5 5 IN IP4 191.169.150.100

s＝phone-call

c＝IN IP4 191.169.150.100

t＝0 0

m＝audio 8766 RTP/AVP 0 8

a＝rtpmap:0 pcmu/8000/1

a＝rtpmap:8 pcma/8000/1

事件 12:SoftX3000 给 SIP PhoneA 返回 200 OK 响应表示其发送的INVITE
请求已经被成功接收、处理,并且将 SIP PhoneB 的会话描述传送给 SIP PhoneA。
示例代码如下:

SIP/2.0 200 OK

From:＜sip:1000@191.169.200.61＞;tag＝1c12674

To:＜sip:1001@191.169.200.61＞;tag＝e110e016

CSeq:2 INVITE

Call-ID:call-973598097-16@191.169.150.101

Via:SIP/2.0/UDP 191.169.150.101

Contact:＜sip:1001@191.169.200.61:5061;transport＝udp＞

Content-Length:183

Content-Type:application/sdp

v＝0

o＝SoftX3000 1073741834 1073741834 IN IP4 191.169.200.61

s＝Sip Call

c＝IN IP4 191.169.150.100

t＝0 0

m＝audio 8766 RTP/AVP 0 8

a＝rtpmap:0 PCMU/8000

a＝rtpmap:8 PCMA/8000

事件 13:SIP PhoneA 发送 ACK 消息给 SoftX3000,证实已经收到 SoftX3000 对于 INVITE 请求的最终响应。示例代码如下:

ACK sip:1001@191.169.200.61:5061;transport＝UDP SIP/2.0

Contact:sip:1000@191.169.150.101

From:＜sip:1000@191.169.200.61＞;tag＝1c12674

To:＜sip:1001@191.169.200.61＞;tag＝e110e016

Call-Id:call-973598097-16@191.169.150.101

Cseq:2 ACK

Accept-Language:en

User-Agent:Pingtel/1.2.7 (VxWorks)

Via:SIP/2.0/UDP 191.169.150.101

Content-Length:0

事件 14:SoftX3000 发送 ACK 消息给 SIP PhoneB,证实已经收到 SIP PhoneB 对于 INVITE 请求的最终响应。此时,主被叫双方都知道了对方的会话描述,启动通话。示例代码如下:

ACK sip:1001@191.169.150.100 SIP/2.0

From:＜sip:1000@191.169.200.61＞;tag＝1fd84419

To:＜sip:1001@191.169.150.100＞;tag＝4239

CSeq:1 ACK

Call-ID:1746ac508a14feaaccb35e4a35ea1768@sx3000

Via:SIP/2.0/UDP 191.169.200.61:5061;branch＝z9hG4bK44cfc1f25

Max-Forwards:70

Content-Length:0

事件 15:SIP PhoneA 挂机,发送 BYE 消息给 SoftX3000,请求结束本次会话。
示例代码如下:

BYE sip:1001@191.169.200.61:5061;transport＝UDP SIP/2.0

From:sip:1000@191.169.200.61;tag＝1c12674

To:sip:1001@191.169.200.61;tag＝e110e016

Call-Id:call-973598097-16@191.169.150.101

Cseq:4 BYE

Accept-Language:en

Supported:sip-cc,sip-cc-01,timer

User-Agent:Pingtel/1.2.7 (VxWorks)

Via:SIP/2.0/UDP 191.169.150.101

Content-Length:0

事件 16:SoftX3000 给 SIP PhoneA 返回 487 Request Terminated 响应,表明
请求终止。示例代码如下:

SIP/2.0 487 Request Terminated

From:＜sip:1000@191.169.200.61＞;tag＝1c12674

To:＜sip:1001@191.169.200.61＞;tag＝e110e016

CSeq:4 BYE

Call-ID:call-973598097-16@191.169.150.101

Via:SIP/2.0/UDP 191.169.150.101

Content-Length:0

事件 17:SoftX3000 收到 SIP PhoneA 发送的 BYE 消息,知道 SIP PhoneA 已
挂机,给 SIP PhoneB 发 BYE 请求,请求结束本次会话。示例代码如下:

BYE sip:1001@191.169.150.100 SIP/2.0

From:＜sip:1000@191.169.200.61＞;tag＝1fd84419

To:＜sip:1001@191.169.150.100＞;tag＝4239

CSeq:2 BYE

Call-ID:1746ac508a14feaaccb35e4a35ea1768@sx3000

Via:SIP/2.0/UDP 191.169.200.61:5061;branch＝z9hG4bKf5dbf00dd

Max-Forwards:70

Content-Length:0

事件 18:SIP PhoneB 挂机,给 SoftX3000 反馈 200 OK 响应消息,表明已经成
功结束会话。示例代码如下:

```
SIP/2.0 200 OK
From:<sip:1000@191.169.200.61>;tag=1fd84419
To:<sip:1001@191.169.150.100>;tag=4239
Call-Id:1746ac508a14feaaccb35e4a35ea1768@sx3000
Cseq:2 BYE
Via:SIP/2.0/UDP 191.169.200.61:5061;branch=z9hG4bKf5dbf00dd
Contact:sip:1001@191.169.150.100
Allow:INVITE,ACK,CANCEL,BYE,REFER,OPTIONS,NOTIFY
User-Agent:Pingtel/1.0.0 (VxWorks)
CONTENT-LENGTH:0
```

5.3.3 成功的 SIP 中继呼叫流程

不同 SoftX3000 之间采用 SIP 进行互通,SIP 中继的成功呼叫流程应用实例如图 5.7 所示。

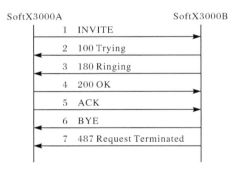

图 5.7　SIP 中继呼叫流程示例

下面的示例基于以下约定。

(1) SoftX3000A 的 IP 地址为 191.169.200.61。

(2) SoftX3000B 的 IP 地址为 191.169.100.50。

(3) SoftX3000A 控制的 SIP PhoneA 的电话号码为 66600003。

(4) SoftX3000B 控制的 SIP PhoneB 的电话号码为 5550045。

(5) SIP PhoneA 为主叫,SIP PhoneB 为被叫,被叫先挂机。

事件 1:SoftX3000A 控制的 SIP PhoneA 摘机,拨打 SoftX3000B 控制的 SIP PhoneB。SoftX3000A 向 SoftX3000B 发送 INVITE 消息,邀请 SoftX3000B 加入会话。SoftX3000A 还通过 INVITE 消息的会话描述,将自身的 IP 地址 191.169.200.61、SIP PhoneA 的 IP 地址 191.169.200.101、端口号 30014、支持的静荷类型、静荷类型对应的编码等信息传送给 SoftX3000B。示例代码如下:

```
INVITE sip:5550045@191.169.100.50 SIP/2.0
From:<sip:66600003@191.169.200.61>;tag=64e3f587
To:<sip:5550045@191.169.100.50>
CSeq:1 INVITE
Call-ID:9e62b921769c9ae546ed4329a3c04182@sx3000
Via:SIP/2.0/UDP 191.169.200.61:5061;branch=z9hG4bKff661c627
Contact:<sip:008675566600003@191.169.200.61:5061>
Supported:100rel,100rel
Max-Forwards:70
Allow:INVITE,ACK,CANCEL,OPTIONS,BYE,REGISTER,PRACK,INFO,UPDATE,SUB-
SCRIBE,NOTIFY,MESSAGE,REFER
Content-Length:184
Content-Type:application/sdp
v=0
o=SoftX3000 1073741831 1073741831 IN IP4 191.169.200.61
s=Sip Call
c=IN IP4 191.169.200.101
t=0 0
m=audio 30014 RTP/AVP 8 0
a=rtpmap:8 PCMA/8000
a=rtpmap:0 PCMU/8000
```

事件 2:SoftX3000B 给 SoftX3000A 返回 100 Trying 表示已经接收到请求消息,正在对其进行处理。示例代码如下:

```
SIP/2.0 100 Trying
From:<sip:66600003@191.169.200.61>;tag=64e3f587
To:<sip:5550045@191.169.100.50>
CSeq:1 INVITE
Call-ID:9e62b921769c9ae546ed4329a3c04182@sx3000
Via:SIP/2.0/UDP 191.169.200.61:5061;branch=z9hG4bKff661c627
Content-Length:0
```

事件 3:SoftX3000B 给 SoftX3000A 返回 180 Ringing 响应通知 SoftX3000A SIP PhoneB 已振铃。示例代码如下:

```
SIP/2.0 180 Ringing
From:<sip:66600003@191.169.200.61>;tag=64e3f587
To:<sip:5550045@191.169.100.50>;tag=2dc18caf
```

```
CSeq:1 INVITE
Call-ID:9e62b921769c9ae546ed4329a3c04182@sx3000
Via:SIP/2.0/UDP 191.169.200.61:5061;branch＝z9hG4bKff661c627
Contact:＜sip:5550045@191.169.100.50:5061;transport＝udp＞
Content-Length:0
```

事件 4：SoftX3000B 给 SoftX3000A 返回 200 OK 响应消息，表示其发送的 INVITE 请求已经被成功接收、处理。并且通过该消息将自身的 IP 地址 191. 169.100.50、SIP PhoneB 的 IP 地址 191.169.100.71、端口号 40000、支持的静荷类型、静荷类型对应的编码等信息传送给 SoftX3000A。示例代码如下：

```
SIP/2.0 200 OK
From:＜sip:66600003@191.169.200.61＞;tag＝64e3f587
To:＜sip:5550045@191.169.100.50＞;tag＝2dc18caf
CSeq:1 INVITE
Call-ID:9e62b921769c9ae546ed4329a3c04182@sx3000
Via:SIP/2.0/UDP 191.169.200.61:5061;branch＝z9hG4bKff661c627
Contact:＜sip:5550045@191.169.100.50:5061;transport＝udp＞
Content-Length:159
Content-Type:application/sdp
v＝0
o＝SoftX3000 1073741826 1073741826 IN IP4 191.169.100.50
s＝Sip Call
c＝IN IP4 191.169.100.71
t＝0 0
m＝audio 40000 RTP/AVP 0
a＝rtpmap:0 PCMU/8000
```

事件 5：SoftX3000A 发送 ACK 消息给 SoftX3000B，证实已经收到 SoftX3000B 对于 INVITE 请求的最终响应。示例代码如下：

```
ACK sip:5550045@191.169.100.50:5061;transport＝udp SIP/2.0
From:＜sip:66600003@191.169.200.61＞;tag＝64e3f587
To:＜sip:5550045@191.169.100.50＞;tag＝2dc18caf
CSeq:1 ACK
Call-ID:9e62b921769c9ae546ed4329a3c04182@sx3000
Via:SIP/2.0/UDP 191.169.200.61:5061;branch＝z9hG4bK7d4f55f15
Max-Forwards:70
Content-Length:0
```

事件 6：SIP PhoneB 挂机，SoftX3000B 发送 BYE 请求消息给 SoftX3000A，请求结束本次会话。示例代码如下：

```
BYE sip:66600003@191.169.200.61:5061 SIP/2.0
From:<sip:5550045@191.169.100.50>;tag=2dc18caf
To:<sip:66600003@191.169.200.61>;tag=64e3f587
CSeq:1 BYE
Call-ID:9e62b921769c9ae546ed4329a3c04182@sx3000
Via:SIP/2.0/UDP 191.169.100.50:5061;branch=z9hG4bK2a292692a
Max-Forwards:70
Content-Length:0
```

事件 7：SoftX3000A 给 SoftX3000B 返回 487 Request Terminated 响应消息，表明请求终止。示例代码如下：

```
SIP/2.0 487 Request Terminated
From:<sip:5550045@191.169.100.50>;tag=2dc18caf
To:<sip:008675566600003@191.169.200.61>;tag=64e3f587
CSeq:1 BYE
Call-ID:9e62b921769c9ae546ed4329a3c04182@sx3000
Via:SIP/2.0/UDP 191.169.100.50:5061;branch=z9hG4bK2a292692a
Content-Length:0
```

5.3.4　成功的 SIP-T 中继呼叫流程

SIP-T 并不是一个新的协议，它在 SIP 的基础上增加了关于如何实现 SIP 网络与 PSTN 互通的扩展机制，包括三种应用模型：PSTN-IP、IP-PSTN、PSTN-IP-PSTN。

SIP-T 的特点如下。

（1）封装：在 SIP 消息体中携带 ISUP 消息。

（2）映射：ISUP-SIP 消息映射，ISUP 参数与 SIP 头域映射。SIP 消息与 ISUP 信令之间的映射关系可简单描述如下：

```
IAM=INVITE
ACM=180 RINGING
ANM=200 OK
RLS=BYE
RLC=200 OK
```

下面以 PSTN-IP-PSTN 模型为例，简单介绍 PSTN 消息通过 SIP-T 消息透传的呼叫流程，SIP-T 中继的成功呼叫流程应用示例如图 5.8 所示。

事件 1：主叫 PSTN 用户摘机拨号，通过 SoftX3000A 控制的 SGA 向 SoftX3000A 发送 IAM 消息。

SoftX3000A 收到 SGA 发送的 IAM 消息，将其封装到 INVITE 消息的消息体（SDP）中发送给 SoftX3000B，邀请 SoftX3000B 加入会话。SoftX3000A 还通过 INVITE 消息的会话描述，将 SGA 的 IP 地址 191.169.200.188、端口号 30014、支持的静荷类型、静荷类型对应的编码等信息传送给 SoftX3000B。

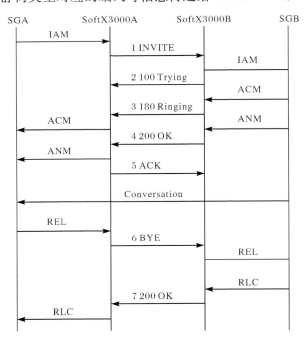

图 5.8　成功的 SIP-T 呼叫流程（PSTN-IP-PSTN）

事件 2：SoftX3000B 给 SoftX3000A 返回 100 Trying 消息表示已经接收到请求消息，正在对其进行处理。

事件 3：被叫 PSTN 用户振铃，同时，SGB 发送 ACM 消息给 SoftX3000B，SoftX3000B 收到 ACM 消息，将其封装到 180 Ringing 响应消息中发送给 SoftX3000A。SoftX3000B 还通过 180 Ringing 消息的会话描述，将 SGB 的 IP 地址 191.169.150.1、端口号 13304、支持的静荷类型、静荷类型对应的编码等信息传送给 SoftX3000A。

SoftX3000A 收到 180 Ringing 消息后，将 ACM 消息从 180 Ringing 消息中解析出来转发给 SGA。SGA 收到 ACM 消息，同时主叫 PSTN 用户听回铃音。

事件 4：被叫 PSTN 用户摘机，SGB 发送 ANM 消息给 SoftX3000B，SoftX3000B 收到 ANM 消息，将其封装到 200 OK 响应消息的消息体（SDP）中发送给 SoftX3000A。

　　SoftX3000A 收到 200 OK 消息,将 ANM 消息从 200 OK 消息中解析出来转发给 SGA。

　　事件 5:SoftX3000A 发送 ACK 消息给 SoftX3000B,证实已经收到 SoftX3000B 对于 INVITE 请求的最终响应。此时就建立了一个双向的信令通路,双方可以进行通话。

　　事件 6:主叫 PSTN 用户挂机,SGA 发送 REL 消息给 SoftX3000A。SoftX3000A 收到 REL 消息,将其封装到 BYE 请求消息的消息体(SDP)中,发送给 SoftX3000B。SoftX3000B 收到 BYE 消息,将 REL 消息从 BYE 消息中解析出来转发给 SGB。

　　事件 7:SGB 收到 REL 消息,知道主叫 PSTN 用户已挂机,转发该 REL 消息给 PSTN 交换机,PSTN 交换机收到该消息,同时给被叫 PSTN 用户送忙音。被叫 PSTN 用户挂机,SGB 发送 RLC 消息给 SoftX3000B,SoftX3000B 收到 RLC 消息,将其封装到 200 OK 响应消息的消息体(SDP)中发送给 SoftX3000A。SoftX3000A 收到 200 OK 响应消息,将 RLC 消息从中解析出来转发给 SGA。

5.4　HTTP　认　证

　　SIP 为认证系统提供了一个无状态的基于挑战的认证机制,这个认证机制基于 HTTP 的认证机制。代理服务器或者用户代理接收到一个请求时,将尝试检查请求发起者提供的身份确认。当发起方身份确认后,请求的接收方应当确认这个用户是否通过认证。

5.4.1　SIP 认证框架

　　SIP 认证框架和 HTTP 非常接近(RFC 2617)。特别是,auth-scheme 的 BNF、auth-param、challenge、realm、realm-value 以及信任书都是一样的。在 SIP 认证中,UAS 使用 401(Unauthorized)应答来拒绝 UAC 的身份,注册服务器、转发服务器也可以使用 401 来应答身份认证,但是代理不能用 401,只能用 407 (Proxy Authentication Required)应答。对于 Proxy-Authenticate 的包还要求 Proxy-Authroization、WWW-Authenticate、Authorization 在不同的消息中是相同的,如同在 RFC 2617 中讲述的一样。realm 字符串单独定义被保护的区域。这是和 RFC 2543 不同的地方,在 RFC 2543 中 Request-URI 和 realm 一起定义了被保护的区域。这个先前定义的被保护区域会导致一定程度的混乱,因为Request-URI 是 UAC 发送的,并且接收到 Request-URI 的认证服务器可能是不同的,真正的 Request-URI 格式可能对 UAC 来说并不知道。同样,早先的定义依赖于一个

Request-URI 中的 SIP URI，并不允许其他的 URI 方案（如 tel URL），需要鉴别接收到的请求的 UA 使用者或者代理服务器，必须根据下面的指导来为服务器创建一个 realm 字串。

（1）realm 字串必须是全局唯一的，这个 realm 字串必须包含一个主机名或者域名，遵循 RFC 2617 的推荐。

（2）realm 字串应当是一个可读的能够展示给用户的字符串。

例如：

INVITE sip:bob@biloxi.com SIP/2.0

Authorization:Digest realm＝"biloxi.com",＜…＞

通常，SIP 认证对于特定 realm（一个保护区域）是有意义的。因此，对于摘要认证来说，每一个类似的保护区域都有自己的用户名和密码集合。如果服务器对特定请求没有要求认证，那么它可以接受缺省的用户名 anonymous，并且这个用户名没有密码。同样，代表多个用户的 UAC，如 PSTN 网关，可以有自己的设备相关的用户名和密码，而不是每一个用户有一个用户名和密码（例如，对于网关来讲，只有一个网关的用户名和密码，而不是说通过网关的每一个实际用户名和密码）。

服务器向大部分 SIP 请求发起挑战，但是有两类请求要求特别的认证处理：ACK 和 CANCEL。在某一个认证方案下，并且这个认证方案是使用应答来放置计算 NONCE（如择要认证），那么对于某些没有应答的情况，就会出现问题，如 ACK。所以一个服务器接受在 INVITE 请求中的信任书，也必须同样接受对应 ACK 的信任书。UAC 通过复制所有的 INVITE 请求中的 Authorization 和 Proxy-Authorization 头域值来创建一个相关的 ACK 消息。服务器不能对接收到的 ACK 请求发起挑战。

虽然 CANCEL 方法带来一个应答（2xx），但是服务器也不能拒绝 CANCEL 请求，因为这些请求不能被重新提交。通常，如果 CANCEL 请求和被 CANCEL 的请求来自同一个节点，那么服务器应当接受 CANCEL 请求。

当 UAC 接收到挑战，并且 UAC 设备并不知道 realm 证书验证失败的具体原因时，它必须展示给用户验证失败的 realm 参数内容（在 WWW-Authenticate 头域或者 Proxy-Authenticate 头域）。对于给自己的 realm 预先配置信任状的用户代理服务提供商来说，应当注意到这样一点：当被一个预先配置信任状的设备拒绝时，用户不会有机会在这个 realm 中展示他们自己的信任状。

最后注意，即使一个 UAC 能够定位与相关 realm 匹配的信任书，也有可能存在这个信任书不再有效，或者某个服务器会以什么原因不接受这个信任书（特别是当提供的是没有口令的 anonymous 用户时）的情况。在这种情况下，服务器可能会继续拒绝，或者返回一个 403 Forbidden。UAC 不能再次使用刚才被拒绝的信任书进行尝试(如果当前环境没有改变,那么请求可以再次尝试)。

5.4.2　用户到用户的认证

当 UAS 收到一个 UAC 发起的请求时,UAS 在请求被处理之前进行身份认证。如果请求中没有信任书(在 Authorization 头域),则 UAS 可以使用 401 (Unauthorized)拒绝认证,并且让客户端提供一个认证书。

WWW-Authenticate 应答头域必须在 401 应答消息中出现。在 401 应答中的 WWW-Authenticate 头域示例:

```
WWW-Authenticate digest,
realm="biloxi.com",
qop="auth,auth-int",
nonce="dcd98b7102dd2f0e8b11d0f600bfb0c093",
opaque="5ccc069c403ebaf9f0171e9517f40e41"
```

这个头域值包含了至少一个表明认证方式和适用 realm 的参数的拒绝原因。

当原始请求的 UAC 接收到这个 401 应答时,如果可能,应当重新组织这个请求,并且填写正确的信任书。在继续处理之前,UAC 可以要求原始用户输入信任书。一旦信任书(不论用户输入的,还是内部密钥)提供了,UA 应当把这个给特定 To 头域和 realm 字段的信任书保存起来,以备下一个请求使用。UA 可以用任何方式来保存这个信任书。如果没有找到对应 realm 的信任书,则 UAC 应当利用用户 anonymous 和空口令来重新尝试这个请求。

一旦找到一个信任书,那么 UA 应当要求在 UAS 或者注册服务器上认证自己,但在接收到一个 401 应答后,可以在请求中增加一个 Authorization 头域再认证。Authorization 头域包含了具有这个 UA 到请求的资源所在的 realm 的信任书和所需要的认证支持的参数和重现保护的参数。Authorization 头域示例:

```
Authorization:Digest username="bob",
realm="biloxi.com",
nonce="dcd98b7102dd2f0e8b11d0f600bfb0c093",
uri="sip:bob@biloxi.com",
qop=auth,
nc=00000001,
cnonce="0a4f113b",
response="6629fae49393a05397450978507c4ef1",
opaque="5ccc069c403ebaf9f0171e9517f40e41"
```

当 UAC 在接收到 401 或者 407 应答之后,重新用它的信任书来提交请求,它必须增加 Cseq 头域的值,就像发送一个正常的新请求一样。

5.4.3　代理服务器到用户的认证

当 UAC 发送一个请求到代理服务器时,代理服务器可以在处理请求之前验证原始请求的认证。如果请求中没有信任书(在 Proxy-Authorization 头域),则代理服务器可以用 407 拒绝这个原始请求,并要求客户端提供适当的信任书。代理服务器必须在 407 应答中增加一个 Proxy-Authenticate 头域,并且在这个头域中给出适用于本代理服务器的认证资源。

对于 Proxy-Authenticate 和 Proxy-Authorization 来说,两者有一个不同之处:代理服务器不能在 Proxy-Authorization 头域中增加值。所有的 407 应答必须转发到上行队列,遵循发送应答的步骤发送到 UAC。UAC 负责在 Proxy-Authorization 头域值增加适用于这个代理服务器要求认证的这个代理服务器的 realm 的信任书。

如果代理服务器要求 UAC 在请求中增加 Proxy-Authorization 头域并且重新提交请求,那么 UAC 应当增加 Cseq 头域的值,就像一个新请求一样。不过,这样就会导致提交原始请求的 UAC 需要忽略 UAS 的应答,因为 Cseq 的值可能是不一样的。

当原始请求的 UAC 接收到一个 407 时,如果可能,它应当使用正确的信任书重新组织请求,且它应当和前面讲述的对 401 应答的处理步骤一样显示和处理 realm 参数。

如果没有找到对应 realm 的信任书,那么 UAC 应当用用户 anonymous 和空口令重新尝试请求。UAC 也应当保存这个在重新发送请求中的信任书。

建议使用下列方法来保存一个代理服务器的信任书。

如果 UA 在给特定 Call-ID 请求的 401/407 应答中,接收到一个 Proxy-Authenticate 头域,那么它应当合并对这个 realm 的信任书,并且为以后具有相同 Call-ID 的请求发送这个信任书,这些信任书必须在对话中被保存。如果 UA 配置的是它自己的本地外发代理服务器,那么如果出现要求认证的情况,UA 应当保存对话的信任书。注意,这意味着在一个对话中的请求可以包含在路由头域中所经过代理服务器都不需要的信任书。

任何希望在代理服务器上认证的 UA,在接收到 407 应答之后,通常可以在请求中增加一个 Proxy-Authorization 头域然后再次尝试,但是并非必须。Proxy-Authorization 请求头域允许客户端向代理服务器来证明自己(或者使用者)的身份。Proxy-Authorization 头域包含了 UA 提供给代理服务器或者请求资源所在的 realm 的身份认证信息的信任书。

一个 Proxy-Authorization 头域值只提供给指定代理服务器验证,这个代理服务器的 realm 是在 realm 参数中指明的(这个代理服务器可以事先通过 Proxy-

Authenticate 头域提出认证要求）。当多个代理服务器组成一个链路的时候,如果代理服务器的 realm 和请求中的 Proxy-Authorization 头域的 realm 参数不匹配,那么这个代理服务器就不能使用该 Proxy-Authorization 头域值来验证。

注意,如果一个认证机制不支持 Proxy-Authorization 头域的 realm,则代理服务器必须尝试分析所有的 Proxy-Authorization 头域值来决定是否其中之一有这个代理服务器认为合适的信任书。这种方法在大型网络上很耗时,代理服务器应当使用支持 Proxy-Authorization 头域的 realm 的认证方案。

如果一个请求被分支,则可能对同一个 UAC 由不同的代理服务器或者 UA 希望要求认证。在这种情况下,分支的代理服务器有责任把这些被拒绝的认证合并成为一个应答。每一个分支请求的应答中接收到 WWW-Authenticate 和 Proxy-Authenticate 头域值必须由这个分支代理服务器放置在同一个应答中发送给 UA;这些头域值的顺序并没有影响。

当代理服务器给一个请求发出拒绝认证的应答时,在 UAC 用正确的信任书重发请求过来之前,不会转发这个请求。分支代理服务器可以同时向多个要求认证的代理服务器转发请求。每一个代理服务器在没有接收到 UAC 在其各自的 realm 的认证之前,都不会转发这个请求。如果 UAC 没有给这些失败的验证提供信任书,则发出的拒绝通过认证的代理服务器是不会把请求转发给 UA 的目标用户的,因此,分支的优点就少了很多。

当针对包含多个拒绝认证的 401/407 应答重新提交请求时,UAC 应当对每一个 WWW-Authenticate 和 Proxy-Authorization 头域值提供一个信任书。根据以上说明,一个请求的多个认证书应当用 realm 参数分开。

在同一个 401/407 应答中,可能包含对同一个 realm 的多个验证拒绝。当在相同域的多个代理服务器中使用共同的 realm,接收到一个分支请求,并且认证拒绝时,就会出现这样的情况。当 UAC 重新尝试这个请求时,UAC 会提供多个 WWW-Authorization 或者 Proxy-Authorization 头域,包含相同的 realm 参数。对于同一个 realm,应当有相同的信任书。

5.4.4　Digest 认证方案

Digest 认证方案是对 HTTP Digest 认证方案的修改和简化,SIP 使用了和 HTTP 几乎完全一样的方案。

由于 RFC 2543 是基于 RFC 2069 定义 HTTP Digest 的,支持 RFC 2617 的 SIP 服务器也必须确保和 RFC 2069 兼容,RFC 2617 定义了保证兼容性的步骤。注意,SIP 服务器必须不能接收或者发出 Basic 认证请求。

Digest 认证的规则在 RFC 2617 中定义,只是使用“SIP/2.0”替换“HTTP/1.1”,并且有如下不同之处。

（1）URI 具有如下的 BNF：

URI＝SIP-URI/SIPS-URI

（2）对于 SIP 来说，在 RFC 2617 定义中，有一个 HTTP Digest 认证的 Authorization头域 URI 参数必须在引号中引起来。

（3）digest-uri-value 的 BNF 是 digest-uri-value＝Request-URI。

（4）对于 SIP 来说，产生基于 Etag 的 NONCE 的步骤不适用。

（5）对于 SIP 来说，RFC 2617 关于 cache 操作不适用。

（6）RFC 2617 要求服务器检查请求行的 URI，并且在 Authorization 头域的 URI 要指向相同的资源。在 SIP 中，这两个 URI 可以指向不同的用户，因为是同一个代理服务器转发的。因此，在 SIP 中，一个服务器应当检查在 Authorization 头域值的 Request-URI 和服务器希望接收请求的用户是否一致，如果两者不一致，则没有必要展示错误。

（7）在 Digest 认证方案中，关于计算消息完整性保证的 A2 值，实现上应当假定，当包体是空的（也就是说，当 SIP 消息没有包体）时，应当对包体的哈希值产生一个 MD5 哈希空串，或者：

H(entity-body)＝MD5("")="d41d8cd98f00b204e9800998ecf8427e"

（8）RFC 2617 指出了在 Authorization（以及扩展的 Proxy-Authorization）头域中，如果没有 qop 指示参数，就不能出现 CNONCE 值。因此，任何基于 CNONCE（包括 MD5-Sess）的运算都要求 qop 指数先发送。在 RFC 2617 中 qop 参数是可选的，这是为了向后兼容 RFC 2069；由于 RFC 2543 是基于 RFC 2069 的，所以 qop 参数必须被客户端和服务器依旧当做可选参数存在。不过，服务器必须始终在 WWW-Authentication 和 Proxy-Authenticate 头域值中传送 qop 参数。如果一个客户端在一个拒绝认证的应答中收到一个 qop 参数，则必须把这个 qop 参数放在后续的认证头域中。

RFC 2543 不允许使用 Authentication-Info 头域（在 RFC 2069 中使用）。不过现在允许使用这个头域，因为它提供了对包体的完整性检测以及相互认证。RFC 2617 定义了在请求中使用 qop 属性的向后兼容机制，这些机制必须在服务器中使用，用来检测客户是否支持 RFC 2617 而没有在 RFC 2069 中定义的新机制。

本节描述的 Digest 认证机制只提供了消息认证和复查保护，没有提供消息完整性或者机密性的保证，上述保护级别和基于这些 Digest 提供的保护，可以防止 SIP 攻击者改变 SIP 请求和应答。注意，由于这个脆弱的安全性，本书不赞成使用 Basic 认证方法。服务器不接收 Basic 类型的信任书的验证，并且服务器必须拒绝 Basic 认证方法，这是和 RFC 2543 的不同之处。

5.5　ISUP 和 SIP 的互通

随着计算机网络的迅速发展,IP 电话以其诸多优势逐渐成为新的发展方向之一。但传统的基础设施(如 4 类/5 类交换机、SS7 信令网、智能网等)也将在长时间内继续存在,这就产生了两种网络如何融合互通的问题。SS7(7 号信令系统)的 ISDN用户部分(ISDN user part,ISUP)属于 ISDN 网络的内部信令,是交换机之间的控制信令。IETF 的 SIP 是目前 VoIP 领域被广泛采用的控制信令协议之一,它是一个面向 Internet 多媒体会议电视和电话的简单信令协议,用于建立、修改和结束一个或多个参与者的会话。因此,对 SIP 和 ISUP 互通性的研究将具有十分重要的现实意义。

5.5.1　从 SIP 到 ISUP 的入局呼叫的映射

1. INVITE 消息的映射

完成消息映射的模块称为媒体网关控制器(media gateway controller,MGC)。当 MGC 收到 INVITE 请求消息后,先向 SIP 网络返回一个 100 Trying 响应,用以抑制 INVITE 消息的重传,然后 MGC 充分利用该 INVITE 消息中提供的信息来辅助它构造一个 IAM 消息。

IAM 消息有 5 个必选参数:被叫方号码(called party number,CPN)、连接性质表示语(nature of connection indicators,NCI)、前向呼叫表示语(forward call indicators,FCI)、主叫类别(calling party category,CPC)以及传输介质请求(transmission medium requirement,TMR),此外还有很多可选参数(Q. 763 共列出了 29 个)。当 MGC 无法从 INVITE 消息中获取足够的信息时,就使用缺省值来代替这些参数,具体的构造过程如下。

(1)检查 INVITE 消息的 Request-URI 域。如果该域中不存在"npdi=yes"字段,或者该字段虽存在但不存在"rn="字段,则将 URL 中的电话号码("tel:"后紧跟的数字)转换成 ISUP 格式生成 CPN 参数;如果除 npdi-yes 外,还存在"rn="字段,则用"rn="中的值生成 CPN 参数,而将 URL 中的电话号码转换成 ISUP 格式生成通用数字参数(generic digits parameters,GDP)。

(2)如果 Request-URI 域和 To 域中的号码不一致,则用 To 域中的号码生成原被叫方号码(original called number,OCN)。

(3)如果 Request-URI 中出现"cic="参数,则 MGC 必须参考本地策略对该载波标识码(carrier identification code,CIC)的恰当性进行验证。

(4)如果呼叫请求发起于本地的 IP 终端,即 From 域中不包含电话号码,则不用生成主叫用户号码 CIN 参数。

（5）与 SIP 网络互通时，将 IAM 消息中的 FCI 参数设置成"未遇到互通"。MGC 发出 IAM 消息后便启动定时器 T7。如果 PSTN 无法及时响应，则 T7 会超时。超时事件发生后，MGC 向 SIP 网络返回一个 504 Gateway Timeout 异常响应消息，同时向 PSTN 发送一个原因值为 102（协议错误，定时器终结时恢复）的 REL 消息。

2. CANCEL 或 BYE 消息的映射

如果收到 CANCEL 或 BYE 请求，则 MGC 立刻向 SIP 网络返回 200 OK 响应消息进行确认，同时向 PSTN 发送原因值为 16（正常清除）的 REL 消息。

3. SIP 状态码到 ISUP 的 REL 原因值的映射

由于 SIP 和 ISUP 属于不同领域的通信协议，所以无法使每个 REL 的原因值都映射成恰当的 SIP 状态码。SIP 状态码到 ISUP 的 REL 原因值映射表如表 5.3 所示，表中列举的一些消息映射关系已经在具体的项目中得到了运用，未在表中列出的原因值将使用缺省的响应消息 500 Server Internal Error 与其对应。

表 5.3 SIP 状态码到 ISUP 的 REL 原因值映射表

SIP 状态码	REL 原因值
404 Not Found	1 Unallocated number
404 Not Found	2 No route to network
404 Not Found	3 No route to destination
BYE or CANCEL	16 Normal call clearing
486 Busy Here	17 User busy
408 Request Timeout	18 No user responding
480 Temporarily Unavailable	19 No answer from the user
480 Temporarily Unavailable	20 Subscriber absent
403 Forbidden	21 Call rejected
410 Gone	22 Number changed(w/o diagnostic)
301 Moved Permanently	22 Number changed(w/diagnostic)
302 Moved Temporarily	23 Redirection to new destination
404 Not Found	26 Non-selected user clearing
502 Bad Gateway	27 Destination out of order
484 Address Incomplete	28 Address incomplete
501 Not Implemented	29 Facility rejected
480 Temporarily Unavailable	31 Normal unspecified

4. ACM 消息的映射

MGC 在接收到 ACM 响应消息后启动定时器 T9(T9 通常持续时间为 90～
180s),同时向 SIP 网络发送一个 180 Ringing 消息。在 SIP 网络桥接 PSTN 的情
况下,ACM 消息被封装在 180 响应消息的消息体中。

5. CON 或 ANM 消息的映射

MGC 在收到 CON(connect)或 ANM(answer message)消息后,向 SIP 网络
返回一个 200 OK 响应消息。如果 MGC 没有在指定的时间内收到 ANM 消息,则
定时器 T9 超时,本次呼叫建立失败。MGC 释放媒体通路上所有相关的资源,并
向 SIP 网络返回一个 480 Temporarilv Unavailable 响应消息,同时向 ISUP 网络
发送一个原因值为 19(用户未应答)的 REL 消息。

5.5.2　从 ISUP 到 SIP 的入局呼叫的映射

1. IAM 消息的映射

MGC 收到 IAM 消息后将其映射成 INVITE 请求消息。映射的重点在于如
何生成 INVITE 中的几个主要 URI,即 From 域、To 域和 Request-URI 域。映射
时要先确定 IAM 消息中哪个参数包含了当前被叫方号码。在通常情况下,应该
是 CPN 参数。但当 FCI 参数中的"号码已转移"位指示出被叫方号码发生转移
时,就只能利用其他参数了。此外,还会有一些域需要在号码翻译完成之后添加
到 URL 中,具体过程如下。

(1) 如果 FCI 参数中"号码已转移"位指示已从本地号码移植库中执行过提取
操作或者在 CPN 之前附加了一个路由号码,则必须在 URL 之后附加"npdi=yes"
字段。如果 CPN 中没有路由号码,且 IAM 消息中存在通用数字参数 GDP,则对
该 GDP 参数进行转换并将其中的内容复制到"rn="域中,将该域附加在电话
URL 之后。

(2) 如果出现 CIP 或 TNS 字段,则 MGC 应该提取 CIC 并加以分析。在通过
恰当性验证后,在电话 URL 后附加一个"cic="字段。CIC 之前应该加上国家前
缀码。例如,在中国,"5062"应该是"+86-5062"。

(3) 在多数情况下,To 域和 Request-URI 域都来自 URL,但如果 IAM 消息
中存在原被叫方号码参数,则 To 域由 OCN 参数构造。

(4) From 域的构造依赖于 CIN 参数。如果不存在 CIN 参数,则网关可以自
己构造一个只包含网关主机名的虚拟 From 域,如 sip:gw. 1evel3. net。如果存在
CIN 参数,则将其进行格式转换来生成 URL 的 From 域。

2. 1xx 响应消息的映射

100 Trying 响应消息不会触发任何 PSTN 消息,即不对该消息进行映射操作。180 Ringing 消息映射成 ACM 消息,181 Call is being Forwarded 消息映射成 Early ACM 和 CPG(event=6)。

3. 200 OK 响应消息的映射

一般情况下,在收到 200 OK 响应消息之后,MGC 应该向 SIP 网络发送 ACK 确认消息,并向 PSTN 返回 ANM 消息。但如果 200 OK 响应消息是在 MGC 发送 ACM 消息之前接收到的,则应该向 PSTN 返回 CON 消息。

4. 异常响应消息的映射

当接收到 3xx 类(3xx 类响应通常是由重定向服务器产生的)响应消息时,MGC 应该重新与响应消息中 Contact 域或 Header 域所指示的用户联系,并向 PSTN 发送一个事件码为 6(无条件呼叫前向转移)的 CPG 消息来指示呼叫正在被处理。当收到 4xx~6xx 响应消息时,则 MGC 会向 PSTN 发送一个 REL 消息,并向 SIP 网络返回 ACK 确认消息。SIP 异常响应消息与 REL 原因值之间的映射关系如表 5.4 所示,在实际应用中也采用了这种对应关系。

表 5.4　SIP 异常响应消息与 REL 原因值之间的映射关系

SIP 异常响应消息	REL 原因值
400	41 Temporary failure
401 Unauthorized	21 Call rejected
402 Payment Required	21 Call rejected
403 Forbidden	21 Call rejected
404 Not Found	1 Unallocated number
405 Method not Allowed	63 Service or option unavailable
406 Not Acceptable	79 Service/option not implemented
407 Proxy Authentication Required	21 Call rejected
408 Request Timeout	102 Recovery on timer expiry
410 Gone	22 Number changed(w/o diagnostic)
413 Request Entity too Long	127 Interworking
414 Request-URI too Long	127 Interworking
415 Unsupported Media Type	79 Service/option not implemented
416 Unsupported URI Scheme	127 Interworking

续表

SIP 异常响应消息	REL 原因值
420 Bad Extension	127 Interworking
421 Extension Required	127 Interworking
480 Temporary Unavailable	18 No user responding
481 Call/Transaction does not Exist	41 Temporary failure
483 Too Many Hops	25 Exchange-routing error
484 Address Incomplete	28 Invalid number format
485 Ambiguous	1 Unallocated number
486 Busy Here	17 User busy
488 Not Acceptable Here	by warning header
500 Server Internal Error	41 Temporary failure
501 Not Implemented	38 Network out of order
502 Bad Gateway	38 Network out of order
503 Service Unavailable	41 Temporary failure
504 Server Time-out	102 Recovery on timer expiry
504 Version not Supported	127 Interworking
513 Message too Large	127 Interworking
600 Busy Everywhere	17 User busy
603 Decline	21 Call rejected
604 Does not Exist Anywhere	1 Unallocated number

5. REL 消息的映射

一般情况下,如果 MGC 收到来自 ISUP 节点的 REL 消息,则发送 BYE 请求结束会话;如果 MGC 没有收到 SIP 网络的响应消息,则发送 CANCEL 请求来放弃会话建立过程。

5.6 本 章 小 结

SIP 作为 NGN 通信的核心协议,正在并将拥有巨大的市场潜力和应用前景。协议是通信的基础,尤其是在 3G 和 VoIP 中,SIP 的灵活性和可扩展性都将得到体现并受到用户的欢迎。可以预见在不远的将来,尤其是一些大的运营商,其中心平台都会以 SIP 为核心。本章从 SIP 协议栈的结构、协议消息的格式以及基本的消息流程等方面,详细介绍了 SIP 的整体体系,同时给出示例进行注解,使读者从整体上对呼叫控制协议有所了解,为 WVphone 系统的整体了解与设计做铺垫。关于 SIP 在 WVphone 系统中的具体实现思想和软件实现过程,见本书后续章节。

参 考 文 献

[1] http://www.ietf.org/rfc/rfc3261.txt.

[2] http://www.ietf.org/rfc/rfc3428.txt.

[3] http://www.ietf.org/rfc/rfc3605.txt.

[4] http://www.ietf.org/rfc/rfc3711.txt.

[5] Rosen E. Multiprotocol Label Switching Architecture. RFC 3031.

[6] Rosenberg J,Schulzrinne H. SIP:Locating SIP Servers. RFC 3263.

第6章 音视频编码处理技术

设计 WVphone 终端是一个系统工程,本章将讨论 WVphone 涉及的音视频编码技术,同时对其技术性能进行比较和分析。各类音视频编码技术都有自己的优缺点,因此在 WVphone 终端系统设计中,需要考虑用户条件、需求、技术爱好、终端软件编写能力、上层除了视频之外的其他多媒体的情况,而综合确定。

本章主要介绍 WVphone 终端可使用的音视频编码的基本知识,读者也可参考其他资料作为补充。

6.1 音频压缩编码技术

WVphone 终端语音处理需要解决的一个重要问题是在保证一定语音质量的前提下,尽可能降低编码比特率,这个问题主要依靠语音编码技术来解决。WLAN 宜采用 ITU-U 定义的低比特率编码标准,其比特率为 5.3~16Kbit/s,都是低复杂度编码算法,语音分组长度在 30ms 以下,语音质量较好。同样的语音信号采用不同的编码方式,其编码后的比特率各不相同。

语音处理的基本过程是采样→编码→传输→解码→播放。其中,语音编码技术主要分为三类:波形编码、参数编码和混合编码。

6.1.1 波形编码

波形编码可以将时间域信号转化为数字代码,最大限度地使原语音信号的波形形状与重建语音波形保持一致,编码时用数据表示语音信号的时间波形,在解码端通过重构与原始语音信号相似的波形来得到近似的语音。一般具有适应能力强、语音质量好等优点,但所需的编码速率高,是最早提出和实现的编码技术,数码率通常在 16~64Kbit/s 范围内接收端重建信号的质量最好,常见的有 PCM、DPCM、ADPCM、DM 等。

下面以 PCM(脉冲编码调制)为例,PCM 是对模拟信号的瞬时抽样值量化、编码,以将模拟信号转化为数字信号。PCM 通信系统的构成如图 6.1 所示。

1. 抽样

奈奎斯特抽样定理:要从抽样信号中无失真地恢复原信号,抽样频率应大于信号最高频率的 2 倍,也就是说,提取模拟信号以其信号带宽 2 倍以上的频率作为样值,表现为时间轴上离散的抽样信号,这些信号保留了原始信号的全部特征信息,在重新构造原信号时可以无失真地恢复。抽样分为自然抽样和平顶抽样。自然抽样是在抽样脉冲持续期间,样值幅度随输入信号变化而变化。平顶抽样是抽样值的幅度为抽样时刻信号的瞬时值。

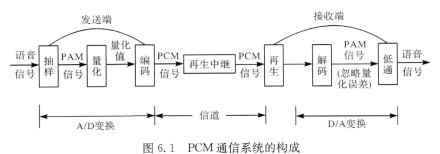

图 6.1　PCM 通信系统的构成

2. 量化

抽样信号在时间轴上表现为离散信号,但终究是模拟信号,其样值只能在一定的范围内取值,可存在无限多个值的情况。显然,对无限个样值全部用数字码组来对应在如今是很难办到的。为了能够用数字码来表示样值,可以采用四舍五入的数学方法将样值分级取整,这样能实现用有限的值来表示一定范围内的样值,该过程称为量化。

与量化前的抽样信号相比,量化后失真在所难免,并且不再是模拟信号。这种由于量化而导致的失真在接收端被还原为模拟信号时表现为噪声,并称为量化噪声。量化噪声的大小与样值分级取整的方式有关,级数分得越多,或是量化级差或间隔越小,量化噪声也就越小。

量化又分为均匀量化和非均匀量化。均匀量化是输入信号的量化范围被等间隔分割的量化,非均匀量化是依据信号的不同区间来设定量化的间隔。当信号值小时,量化间隔也小;当信号值大时,量化电平会相对较大。

3. 编码

编码的任务是把量化值转化为代码,可分为非均匀量化编码和均匀量化编码。13 折线编码(非均匀量化编码的一种)将输入信号抽样量化值用 8 位折叠二进制码的方式来表示,量化的极性由第一位表示,8 个段落的起点电平由第 2～4 位段落码的 8 种可能的状态来分别代表,每一段落的 16 个均匀划分的量化级由其他 4 位码的 16 种状态分别代表。量化的抽样信号变换成给定字长的二进制码流的过程称为编码。PCM 通过抽样、量化、编码三个步骤将连续变化的模拟信号转换为数字编码。

4. 波形编码标准的进展[1]

（1）G.711 标准：国际电报电话咨询委员会（CCITT）于 1972 年对语音频谱的模拟信号用脉冲编码调制编码时的特性进行了规范，速率为 64Kbit/s，适合于电话质量的语言信号编码（频率范围是 300～3400Hz）。

（2）G.721 标准：是 CCITT 于 1988 年制定的，速率为 32Kbit/s，采用自适应差分脉码调制（ADPCM）算法，适合中等质量音频信号编码，同时也应用于调幅广播质量的音频信号编码。

（3）G.722 标准：是 CCITT 于 1988 年制定的，该标准规范了一种音频（50～7000Hz）编码系统的特性，速率为 64Kbit/s，采用子带自适应差分脉码调制（SB-ADPCM）算法，具有数据插入的功能，适合调幅广播质量的音频信号编码，也适合需要存储大量高质量音频信号的多媒体系统，如视听多媒体、会议电视等具有调幅广播质量的音频。

（4）G.723 标准：1986 年由 ITU-T 提出，用于数字电话系统扩容，速率为40Kbit/s，采用 ADPCM 算法。

（5）G.726 标准：1990 年重新修订，合并了 G.721 和 G.723，同时删除了G.721 和 G.723。

（6）G.728 标准：速率为 16Kbit/s，采用短时码本激励线性预测编码（LD-CELP）算法，适合高质量的语音信号编码。

（7）G.729 标准：该标准提出了一种采用共轭结构代数码激励线性预测（CS-ACELP）方法，是以 8Kbit/s 速率对语音信号编码的算法，它是由 ITU-T 于 1995年制定的，该算法应用在多媒体通信和 IP 电话等领域。

6.1.2　参数编码

参数编码是根据人类语音产生的全极点模型的理论而建立的，全极点模型的线谱对、增益、基普等参数作为参数编码器传输的编码参数，参数编码器对音频信号不太合适，典型的参数编码器包含 LPC-10（美国军方标准）、LPC-10E。和波形编码不同的是，参数编码不力图重现原始信号波形，参数编码将获得语音信号分段，以获取语音段的特征参数，当在解码端重构时，会产生波形不尽相同而声音相似的语音信号。

参数编码分析声音形成的机理，意在构造语音生成模型，该模型将说话人的发音声道以一定的精度模拟，接收端根据该模型还原成合成语音。编码器发送的主要信息不是具体的语音波形的幅值，而是该模型的参数。参数编码的优点是压缩比大、廉价，缺点是计算量大、音质不高、对环境噪声敏感，典型的参数编码器有共振峰声码器、线性预测声码器、通道声码器。

6.1.3　混合编码

混合编码克服了参数编码激励形式过于简单的不足,并成功地集合参数编码和波形编码两者的优点(波形编码的高质量和参数编码的低数据率),激励用到了语音产生模型,对模型参数进行编码,将编码对象的数据量和动态范围减小,又使编码过程产生的合成语音与原始型号语音波形接近,保留了说话者的自然特征,语音质量得以提高。

比较成功的混合编码器有多带激励编码(MBE)、多脉冲激励线性预测编码(MPLPC)、规则脉冲激励线性预测编码(RPELPC)、码激励线性预测编码(CELP),如 G.728、G.729、GIPS。MBE 是基于正弦模型的混合编码器,后 3 种是基于全极点语音产生模型的混合编码器。其中,G.729 可将经过采样的 64Kbit/s语音压缩至 8Kbit/s,且几乎不失真。在分组交换网络中,业务质量得不到很好的保证,这就需要语音编码有一定的灵活性,即编码尺度、编码速率的可变可适应性。G.729 将工作范围扩展至 6.4～11.8Kbit/s,原来是 8Kbit/s,语音质量也有了一定的变化。G.723.1 采用 5.3/6.3Kbit/s 双速率语音编码,语音质量虽好,但处理时延相对较大。G.723.1、G.729 和 G.729A 的部分性能比较如表 6.1 所示,WVphone 终端的音视频编码技术应该综合考虑这些因素。

表 6.1　G.723.1、G.729 和 G.729A 的部分性能比较

编码方法	G.723.1	G.729	G.729A
比特率/(Kbit/s)	5.3/6.3	8	8
帧长度/ms	30	10	10
处理时延/ms	30	10	10
观看时延/ms	7.5	5	5
帧字节数	20/24	10	10
DSP MIP	16	20	10.5
RAM	2200	3000	2000

混合编码算法中最典型的算法都利用线性预测,采用分析合成(analysis-by-syntheie,ABS)方法构成。

混合编码的特点是有一个相同的处理过程:先进行线性预测分析,去掉语音的短时相关性,再用合成-分析法和感觉加权均方误差最小准则分析出合适的替代余量信号的最佳激励信号,最后对激励信号和线性预测参数进行编码传送。

用过去样点的线性组合来预测当前样点是线性预测技术要解决的问题。假设原始语音信号用 $s(n)$ 表示,预测器的系数 a 用线性预测的方法求出,构成线性

预测逆滤波器,通过该滤波器后使 $s(n)$ 得到语音信号(去除了短时相关性)。再将其进行基音预测以建立基音逆滤波器,去除它的长时相关性,之后就能得到最后的残差信号,它属于不可预测的、完全随机的部分。根据速率的不同可对残差信号采用不同的量化方法,以得到不同的编码速率,量化后的残差信号以激励信号的方式顺序通过基音滤波器和线性预测滤波器之后,便生成了合成语音信号。

　　不断改变模型参数以使模型更好地适应原始语音信号,这正是编码的过程。在此过程中又产生了合成分析的概念。同时,利用人耳的掩蔽效应,感觉加权滤波器得以引入。综上所述,线性预测分析-合成编码过程如图 6.2 所示。

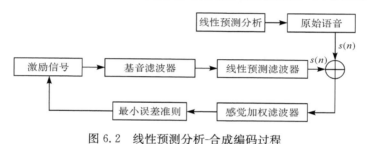

图 6.2　线性预测分析-合成编码过程

　　合成-分析法的基本原理[2]可以概括如下:假定可以用一个模型来表示一个原始信号,这个模型又包含一组参数,那么模型所产生的合成信号就会随着这组参数的变化而变化,合成信号与原始信号两者之间的误差也会随之变化。为了使参数模型和原始信号更好地适应,可以通过规定一个误差准则来实现,即误差越小,原始信号就和模型合成信号越接近。这样总会找到一组参数使误差最小,那么由这组参数决定的模型就可以用来更好地表示原始信号。根据合成-分析法进行语音编码时一般在编码端配备本地编码和本地解码两部分,配备本地编码的目的是完成合成功能,以便计算原始语音信号与合成语音信号之间的误差值。为了获得较好的语音效果,在分析合成语音与原始语音的误差时,运用感觉加权均方差技术,即将合成语音与原始语音之间的差值通过感觉加权滤波器,找到使得均方误差最小的一组语音参数。

　　此外,语音编码实际所占用的带宽和理论带宽是不同的,实际语音包的带宽才是语音编码的带宽,语音包在网络中传输时还需要加入各种包头,如 UDP 包头、RTP 包头和 IP 包头。由于语音包本身很小,所以这些额外的带宽都是很可观的。各种编码方式下和打包时长所对应的实际带宽如表 6.2 所示。

表 6.2　语音编解码打包时长语音数据带宽实际所占带宽

语音编解码	打包时长/ms	语音数据带宽/K	实际所占带宽/K
G.723.1(5.3K)	30	5.3	16.2
	60	5.3	10.6
G.723.1(6.3K)	30	6.3	16.8
	60	6.3	11.6
G.729	20	8	24
	60	8	13.3

由表 6.2 可以很明显地看出,打包时间越长,所占用的实际带宽越小,但时延越大。

6.1.4　语音编码性能的评价

语音编码的性能可以从四方面来评价:编码速率、语音编码质量、编解码延时、复杂度。

1. 编码速率

编码速率可以用"比特/秒(bit/s)"度量,它代表编码的总速率,也可以用"比特/样点(bit/p)"度量,它代表平均每个语音样点用多少比特编码。平均每个样点的比特数越高,语音波形或参数量化越精细,语音质量也就越容易提高,相应地对传输带宽或存储容量的要求也越高。

2. 语音编码质量

数字通信中,语音质量可分为广播级质量、长途通信质量(或称网络质量)、通信质量以及合成语音质量 4 级。语音质量评定方法分为主观评定方法和客观评定方法。主观评定方法是以人类听话时对语音质量的感觉来评定的。客观评定方法有信噪比、加权信噪比、平均分段信噪比等时域的测量方法,还有谱失真测度和线性预测编码(LPC)倒谱距离测度等频域测量方法。

3. 编解码延时

有回声的系统中,往返总延时超过 100ms 时,回声将干扰正常接收的声音。对于公用电话网,可能有几次音频转接,也就是会有多次语音编解码,因此对单次语音编解码的延时通常要求不超过 5～10ms。通常允许语音编码延时在几十毫秒到 100ms。当总延时超过 100ms 时,一般需要采取回声抵消或回声抑制措施。

4. 复杂度

采用较复杂的算法能获得较好的语音质量或较低的编码速率。

6.2　视频编码技术

6.2.1　MPEG4

人类获取的信息中 70% 来自视觉,视频信息在多媒体信息中占有重要地位;同时视频数据冗余度最大,经压缩处理后的视频质量高低是决定多媒体服务质量的关键因素。因此,数字视频技术是多媒体应用的核心技术,对视频编码的研究已成为信息技术领域的热门话题。

基于内容(content-based)的存取概念由 MPEG4 提出,使用户可与场景进行交互。编码运动图像中的内容、图像中的音频和视频成为具体的编码对象,称为 AV 对象(audio video object,AVO)。AV 对象可以组成 AV 场景(audio video object in a scene,AVOs)。因此,高效率地编码、组织、存储、传输 AV 对象是 MPEG4 标准的基本内容。MPEG4 的优越之处在于,它既支持自然声音,又支持合成声音。MPEG4 的音频部分结合音频的合成编码和自然声音的编码,为音频的对象特征提供支持。目前已经开发成功的基于 MPEG4 标准的方案有视频会议、交互教学、视频通信、远程医疗等。

MPEG4 是面向对象的压缩方式,而 MPEG1 和 MPEG2 只是简单地将图像分成一些像块,MPEG4 标准根据图像内容分离出其中的对象(物体、人物、背景)来分别进行帧内、帧间编码压缩,并允许在不同的对象之间灵活分配码率,分配较多的字节在重要的对象上,分配较少的字节在次要的对象上,从而大大提高了压缩比,使其在较低的码率下获得较好的效果。

MPEG4 的压缩方法根据对图像的空间和时间特征来调整,从而可以获得的压缩比比 MPEG1 更大,压缩码流比 MPEG1 更低,图像质量比 MPEG1 更佳。窄带传输、高画质压缩、交互式操作以及将自然物体与人造物体相融合的表达方式是它的应用目标,同时还特别强调可扩展性和广泛的适应性。因此,MPEG4 基于面向带宽设计和场景描述的特点,使得它在视频监控领域非常适合,MPEG4 中还采用了一些新的技术,如自适应 DCT、形状编码、任意形状视频对象编码等。但是 MPEG4 的基本视频编码器还是属于和 H.263 相似的一类混合编码器。MPEG4 编码框图如图 6.3 所示。

MPEG4 视频编码核心思想及关键技术介绍如下。

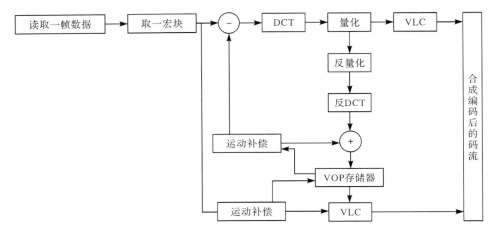

图 6.3　MPEG4 编码框图

1. 核心思想

第一代压缩编码方案(属于波形编码的范畴,如 MPEG1、MPEG2、H. 261、H. 263)把视频序列按时间先后顺序分为一系列帧,运动补偿和编码每一帧图像所分成的宏块,该编码方案存在以下缺陷。

(1) 马赛克效应:在高压缩比的情况下,图像固定地分成相同大小的块会出现严重的块效应。

(2) 难以对图像内容进行一些操作,如访问、编辑和回放等。

(3) 人类视觉系统(human visual system,HVS)的特性未充分利用。

基于模型/对象的第二代压缩编码技术是 MPEG4 的核心,它充分利用了人眼视觉特性,抓住了图像信息传输的本质,从轮廓、纹理思路出发,支持基于视觉内容的交互功能,这适应了多媒体信息的应用由播放型转向基于内容的访问、检索及操作的发展趋势。

2. 关键技术

MPEG4 除采用第一代视频编码的核心技术,如运动估计、运动补偿与变换编码、量化、熵编码外,还提出了一些新的关键技术,完善和改进了第一代视频编码技术且卓有成效。

1) 视频对象提取技术

MPEG4 实现基于内容交互的首要任务就是将不同对象从视频/ 图像分割出来或者从背景中分离出运动对象,然后采用相应编码方针对不同对象实现高效压缩。因此,MPEG4 视频编码的关键技术是视频对象提取(视频对象分割),这也是新一代视频编码的研究热点和难点。

对视频内容的分析和理解有利于视频对象分割,这与图像理解、人工智能、模式识别和神经网络等学科有密切联系。目前人工智能的发展还不够完善,计算机尚不具有观察、识别、理解图像的能力;只有更高层次上对视频内容进行理解,才能实现正确的图像分割。因此,尽管 MPEG4 框架已经制定,但至今视频对象分割问题仍没有得到根本解决,视频对象分割被认为是一个具有挑战性的难题,基于语义的分割则更加困难。

目前进行视频对象分割的一般步骤是:首先简化原始视频/图像数据以利于分割,常用的方法有低通滤波、中值滤波、形态滤波;然后提取视频/图像数据特征,这些特征包括颜色、纹理、运动、帧差、位移帧差乃至语义等;基于某种均匀性标准来确定分割决策,根据所提取特征将视频数据归类;最后进行相关后处理,完成噪声滤除及准确提取边界。

2) VOP 视频编码技术

MPEG4 视频编码器的基本结构包括运动补偿、形状编码和基于 DCT 的纹理编码。具体的编码方法[3]为:首先对输入的原始图像序列进行对象分割和场景分析,划分出不同的 VOP(video object plane),得到其形状和位置信息,之后用平面来表示。发送端传送 alpha 平面之后,接收端可以确定 VOP 的位置和形状。由于 alpha 平面所需的比特数较多,所以进行压缩编码是必需的。显然,编码和传送 VOP 的轮廓之后,alpha 平面就可以在接收端得以恢复,轮廓编码器编码轮廓信息。运动和纹理编码受到提取的形状和位置信息的控制。对运动和纹理信息编码仍然采用经典的类似 MPEG1/MPEG2 标准的运动预测/补偿法。比较输入第 N 帧的 VOP 与帧存储器中存储的 $N-1$ 帧的 VOP,找到运动矢量,然后量化和编码两帧 VOP 的差值。对不同对象的运动和纹理信息的编码可因地制宜地采用不同的方法,以提高编码效率。编码后得到的纹理信息,与运动编码器和形状编码器输出的运动信息和形状信息复接形成该 VOP 的比特流层。分别编码不同视频对象的 VOP 序列,形成各自的比特流层,经复接后在信道上传送,传送的顺序依次为形状信息、运动信息和纹理信息。接收端的解码过程是编码过程的逆操作。

3) 视频编码可分级性技术

IP 网络在速率上起伏很大,异构网络具有不同的传输特性,视频传输的要求和应用越来越多。在这样的背景下,视频分级编码的重要性日益突出,其应用非常广泛,且具有很高的实际应用及理论研究价值,备受人们的关注。

码率的可调整性即视频编码的可分级性(scalability),简单地说,视频数据只压缩一次,却能以多个帧率、空间分辨率或视频质量进行解码,从而满足多种类型用户的不同应用要求。

分级编码是由 MPEG4 通过视频对象层(video object layer,VOL)数据结构来实现的。时域分级(temporal scalability)和空域分级(spatial scalability)两种基本分级工具由 MPEG4 提供,此外还支持时域和空域的混合分级。低层即基本层,高层即增强层,每一种分级编码都至少有这两层 VOL。视频序列的基本信息由基本层提供,视频序列更高的分辨率和细节由增强层提供。精细可伸缩性(fine granularity scalable,FGS)视频编码算法以及渐进精细可伸缩性(progressive fine granularity scalable,PFGS)视频编码算法,在随后增补的视频流应用框架中由 MPEG4 提出。

FGS 编码实现简单,优点是可在显示分辨率、编码速率、解码复杂度、内容等方面提供灵活的自适应和可扩展性,且具有很强的带宽自适应能力和抗误码性能。缺点是编码效率低于非可扩展性编码,接收端视频质量非最优。

为了改善 FGS 编码效率而提出了 PFGS 的视频编码算法,其基本思想是在增强层图像编码时以前一帧重建的某个增强层图像为参考进行运动补偿,以使运动补偿更加有效,从而提高编码效率。

4) 运动估计与运动补偿技术

MPEG4 将不同的运动补偿类型由 I-VOP、P-VOP、B-VOP 三种帧格式来表征。它采用重叠运动补偿(overlapped motion compensation)技术和 H.263 中的半像素搜索(half pixel searching)技术,同时引入修改的块(多边形)匹配(modified block(polygon)matching)技术和重复填充(repetitive padding)技术,以支持任意形状的 VOP 区域。

MPEG4 采用 MVFAST(motion vector field adaptive search technique)和改进的 PMVFAST(predictive MVFAST)方法用于运动估计,以提高运动估计算法的精度。对于全局运动估计,则采用基于特征的快速顽健的 FFRGMET(feature-based fast and robust global motion estimation technique)方法。

6.2.2　H.264

继 MPEG4 之后,H.264 是 ITU 和 ISO 共同提出的新一代数字视频压缩格式。H.264 是 ITU-T 以 H.26X 系列为名称命名的视频编解码技术标准之一。H.264 作为一个数字视频编码标准,是由 ISO/IEC 的 MPEG(活动图像编码专家组)的联合视频组(JVT)和 ITU-T 的视频编码专家组(VCEG)开发的,面向实际应用,其独到之处表现在多模式整数变换、运动估计、分层编码语法、统一 VLC 符号编码等方面。视频编码的经典之作是 H.261 建议,进而发展为 H.263,主要应用于通信领域,并将逐步在实际上取而代之,但使用者往往无法熟悉 H.263 众多的选项。从针对存储媒体的应用发展到适应传输媒体的应用,MPEG 系列标准的核心视频编码的基本框架是和 H.261 一致的,其中引人注目的 MPEG4 的"基于对象的编码"部分由于尚有技术障碍,目前还难以普遍应用。因此,在此基础上发展起来的新的视频编码建议 H.264 克服两者的弱点,在混合编码的框架下引入了新的编码方式,H.264 算法提高了编码效率,其应用前景是很乐观的。

在 MPEG4 技术基础之上建立了 H.264,其编解码流程主要包括五部分:变换(transform)和反变换、帧间和帧内预测(estimation)、环路滤波(loop filter)、量化(quantization)和反量化、熵编码(entropy coding)。

H.264 标准的主要目标是:提供更加优秀的图像质量(与其他现有的视频编码标准相比,在相同的带宽下)。通过该标准,在同等图像质量下的压缩效率比以前的标准(MPEG2)提高了 2 倍左右。

H.264 包括 11 个等级、7 个类别的子协议格式(算法),其中,外部环境(如带宽需求、内存需求、网络性能等)由等级定义来进行限定。等级越高,带宽要求就越高,视频质量也越高。类别定义则是针对特定应用,定义编码器所使用的特性子集,并规范不同应用环境中的编码复杂度。

H.264 和以前的标准一样,模式也是属于 DPCM 加变换编码的混合编码。但"回归基本"的简洁设计被它所采用,不用众多的选项就能获得比 H.263＋＋好得多的压缩性能;各种信道的适应能力得以加强,"网络友好"的结构和语法的采用,使得对误码和丢包的处理更有利;应用目标范围较广,以满足不同解析度、不同速率以及不同传输(存储)场合的需求。

技术上,它集中了以往标准的优点,并吸收了标准制定中积累的经验。与 H.263 v2(H.263＋)或 MPEG4 简单类(simple profile)相比,H.264 在使用与上述编码方法类似的最佳编码器时,在大多数码率下最多可节省 50％的码率。H.264 在所有码率下都能持续提供较高的视频质量。H.264 能工作在低延时模式,以适应实时通信的应用(如视频会议),同时能很好地工作在没有延时限制的应用中,如视频存储和以服务器为基础的视频流式应用。H.264 提供包传输网中处理包丢失所需的工具,以及在容易产生误码的无线网中处理比特误码的工具。

在系统层面上,H.264 提出了一个新的概念,在视频编码层(video coding layer,VCL)和网络提取层(network abstraction layer,NAL)之间进行概念性分割,前者是视频内容的核心压缩内容的表述,后者是通过特定类型网络进行递送的表述,这样的结构便于信息的封装和对信息进行更好的优先级控制。

1. H.264 的高级技术背景

H.264 标准的主要目标是:与其他现有视频编码标准相比,在相同的带宽下提供更加优秀的图像质量。与以前的国际标准(如 H.263 和 MPEG4)相比,H.264 最大的优势体现在以下四方面。

（1）将每个视频帧分离成由像素组成的块，因此视频帧的编码处理过程可以达到块的级别。

（2）采用空间冗余的方法，通过空间预测、转换、优化和熵编码（可变长编码）对视频帧的一些原始块进行处理。

（3）采用临时存放连续帧的不同块的方法，这样只需编码连续帧中有改变的部分，该算法采用运动补偿和运动预测来完成。对某些特定的块，其运动向量由一个或多个已经进行了编码的帧执行搜索来决定，主块由后面的编码和解码来预测。

（4）对视频帧里的残留块进行编码，采用剩余空间冗余技术。例如，对于不同的源块和相应预测块，再次进行转换、优化和熵编码。

2. H.264 的特征和高级优势

（1）低码流（low bit rate）：和其他压缩技术（如 MPEG2 和 MPEG4 ASP 等）相比，在同等图像质量下，采用 H.264 技术后，压缩的数据量只有 MPEG2 的 1/8、MPEG4 的 1/3。显然，采用 H.264 的用户其下载时间和数据流量收费将大大节省。

（2）高质量的图像：H.264 压缩技术的采用使得连续、流畅的高质量（DVD 质量）图像得以较好地传送。

（3）容错能力强：H.264 提供了必要的工具来解决在不稳定网络环境下容易发生的丢包等问题。

（4）网络适应性强：H.264 提供了网络适应层（network adaptation layer），使得 H.264 的文件能容易地在不同网络上传输（如互联网、CDMA、GPRS、WCD-MA、CDMA2000 等）。

3. H.264 标准的关键技术

1）帧内预测编码

帧内预测编码可以缩减图像的空间冗余。为了让 H.264 帧内编码的效率得以提高，相邻宏块的空间相关性在给定帧中得以充分利用，因为相邻的宏块一般具有相似的属性，所以在对一给定宏块编码时，首先对周围的宏块进行预测（一般选择左上角的宏块，因为该宏块已被编码处理），然后编码预测值与实际值的差值，这样可以大大减小码率，然而直接对该帧编码却达不到这样的效果。

H.264 为进行 4×4 像素宏块预测提供了 6 种模式，包含 1 种直流预测和 5 种方向预测，如图 6.4 所示。在图 6.4 中，相邻块的 9 个像素（$A \sim I$）均已被编码，可用于预测，如果选择模式 4，那么 4 个像素（A、B、C、D）会被预测为与 E 相等的值，4 个像素（E、F、G、H）会被预测为与 F 相等的值，对于图像中的平坦区（含有很少空间信息），H.264 也支持 16×16 像素的帧内编码。

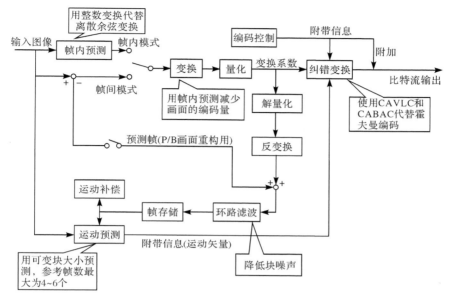

图 6.4　帧内编码模式

2) 帧间预测编码

帧间预测编码利用连续帧中的时间冗余来进行运动估计和补偿。以往的视频编码标准中的大部分关键特性在 H.264 的运动补偿得以支持,而且更多的功能被灵活地添加,除了 P 帧、B 帧得以支持外, H.264 还支持一种新的流间传送帧——SP 帧。码流中包含 SP 帧后,能在有不同码率但有类似内容的码流之间快速切换,同时支持快速回放模式和随机接入。

H.264 的运动估计有以下 4 个特性。

(1) 不同大小和形状的宏块分割。对每一个 16×16 像素宏块的运动补偿可以采用不同大小和形状, H.264 支持 7 种模式。小块模式的运动补偿为运动详细信息的处理提高了性能,减少了方块效应,提高了图像的质量。

(2) 高精度的亚像素运动补偿。在 H.264 中可以采用 1/4 或者 1/8 像素精度的运动估计,而在 H.263 中采用的是半像素精度的运动估计。在要求相同精度的情况下,使用 1/4 或者 1/8 像素精度运动估计的 H.264 的残差比采用半像素精度运动估计的 H.263 的残差更小。这样在相同精度下, H.264 在帧间编码中所需的码率更小。

(3) 多帧预测。多帧预测功能在 H.264 中得以体现,在帧间编码时,5 个不同的参考帧的选用,使得纠错性能大大增强,这样可以改善视频图像质量。这一特性主要应用于以下场合:平移运动、周期性运动、在两个不同的场景之间来回变换摄像机的镜头。

（4）去块滤波器。H. 264 采用了自适应去除块效应的滤波器，可以处理预测环路中的垂直和水平块边缘，使得方块效应大大减轻。

3）整数变换

无论帧内空间预测还是帧间空间预测，对于所得到的每个 4×4 像素差值矩阵，H. 264 均首先采用一个统一的整数变换进行变换编码。在变换方面，H. 264 使用了基于 4×4 像素块的变换（类似于 DCT），使用以整数为基础的空间变换，因此不存在反变换因为取舍而存在误差的问题。相对于浮点运算而言，整数 DCT 会引起一些额外的误差，DCT 变换后的量化也存在量化误差，两者相比，由整数 DCT 引起的量化误差影响并不大。此外，整数 DCT 还具有减小复杂度和运算量的优点，这样有利于向定点 DSP 移植。

4）量化

与 H. 263 中有 31 个量化步长很相似，H. 264 中可选 32 种不同的量化步长，在 H. 263 中步长是一个固定常数，但是在 H. 264 中，步长是以 12.5% 的复合率递进的。在 H. 264 中变换系数的读出方式分为两种，分别是双扫描和之字形（zigzag）扫描。双扫描仅用于使用较小量化级的块内，有助于提高编码效率；大多数情况下使用简单的之字形扫描。

5）熵编码

熵编码是视频编码处理的最后一步，两种不同的熵编码方法在 H. 264 中被采用：通用可变长编码（UVLC）和基于文本的自适应二进制算术编码（CABAC）。

在 H. 263 等标准中，根据要编码的数据类型（如变换系数、运动矢量等）的不同而采用不同的 VLC 码表。然而，UVLC 码表在 H. 264 中提供了一种简单的方法：都使用统一变字长编码表而不管符号表述什么类型的数据。其优点是简单；缺点是没有将编码符号间的相关性考虑在内，从概率统计分布模型得出单一的码表，在中高码率时效果不是很好。H. 264 还提供了可选的 CABAC 方法。算术编码使编码和解码两边都能使用所有句法元素（运动矢量、变换系数）的概率模型。为了使算术编码的效率得以提高，通过内容建模的过程使基本概率模型适应随视频帧而改变的统计特性。在内容建模中编码符号的条件概率估计被采用，利用合适的内容模型，可以通过选择目前要编码符号邻近的已编码符号的相应概率模型来去除存在于符号间的相关性，不同的句法元素通常保持不同的模型。

4. H. 264 在视频会议中的应用

目前，H. 261 或 H. 263 视频编码标准已被大多数视频会议系统所采用，在同等速率下，H. 264 能够比 H. 263 减小 50% 的码率。换句话说，在 H. 264 下用户利用 325Kbit/s 的带宽，相当于在 H. 263 下享受高达 650Kbit/s 的高质量视频服务。这样，H.264 的使用既可以提高资源的使用效率，又有助于节省庞大的开支，同时令达到商业质量的视频会议服务拥有更多的潜在客户。已经有厂商的视频会议产品支持 H.264，厂商致力于普及 H.264 这个全新的业界标准。随着其他视频会议方案厂商陆续效仿他们的做法，用户必将能全面体验 H.264 视频服务的优势。

6.2.3　AVS

数字音视频编解码技术标准工作组（简称 AVS 工作组）在长期参与 MPEG 等国际标准制定的基础上，在政府相关部门的大力支持下，提出了自主的数字音视频编解码技术标准（audio video coding standard，AVS），其编码效率比传统的 MPEG2 国际标准提高了一倍，代表了当前的国际先进水平。AVS 属于信源编码技术，和信道编码、显示技术一起构成数字电视的技术体系，也广泛应用于激光视盘机、多媒体通信、互联网流媒体等数字音视频产业。

2006 年 4～5 月，ITU 开始了 IPTV 的标准化工作，通过 FG（Focus Group）对 IPTV 需求和现有标准及技术进行提升。AVS 工作组组成了赴 ITU-T IPTV 标准化的特别工作组，目标是使 AVS 成为与 IPTV 平等的可选的编解码标准之一。

1. AVS 工作原理

AVS[4] 视频标准是基于空间和时间的预测和补偿、空域的变换及基于统计的熵编码的混合编码标准，AVS 视频标准采用一系列技术来达到高效率的视频编码，包括变换与量化技术、帧内预测技术、亚像素插值与帧间预测技术、环路滤波器技术和熵编码技术等。在 AVS 视频标准中，所有宏块都要进行帧内预测或帧间预测，帧间预测使用基于块的运动矢量来消除图像间的冗余，帧内预测使用空间预测模式来消除图像内的冗余，再通过对预测残差进行 8×8 整数变换（DCT）和量化消除图像内的视觉冗余，AVS 的变换和量化只需要加减法和移位操作，采用 16 位精度即可完成。使用环路滤波器对重建图像进行滤波既可以消除块效应，改善重建图像的主观质量，又能够提高编码效率，滤波强度可以自适应调整，最后，运动矢量、预测模式、量化参数和变换系数用熵编码进行压缩[5]。

AVS Part 2 采用基于时间和空间的预测编码、变换编码和熵编码的混合编码结构，系统结构如图 6.5 所示。以最小块 8×8 大小的帧内预测、帧间运动搜索和运动补偿，1/4 像素插值滤波器，8×8 块大小的整数变换、环路去块效应滤波器以及二维可变编码等是 AVS Part 2 中用到的主要编码技术。

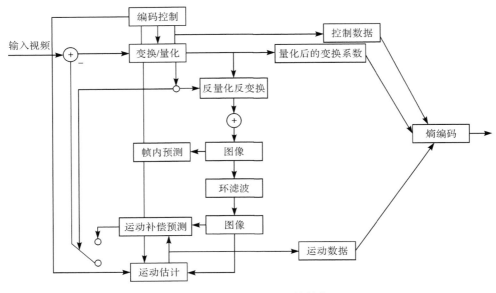

图 6.5　AVS Part 2 系统结构

2. AVS 视频标准的关键技术

1) 预测编码

(1) 帧内预测。为了挖掘图像的空间相关性,AVS Part 2 的帧内编码采用空间预测方法。帧内预测是基于 8×8 块的,对于亮度块,有 5 种模式;对于色度块有 4 种模式。而对当前块作预测的参考像素是那些相邻的未经过去块效应滤波的重建像素值。

(2) 帧间预测。帧间预测也就是帧间运动搜索。AVS Part 2 中详述了 P-图像和 B-图像,对于帧间预测有 4 种划分方法:16×16、16×8、8×16、8×8。

① 前向预测。在 P-图像中,也有 5 种帧间预测模式,即 P_Skip(16×16)、P_16×16,P_16×8,P_8×16,P_8×8。在 P 帧中,对于后 4 种模式,每个块的分割由两个候选参考帧的某一个来进行预测,这个预测帧可以是最近被解码过的 I 帧或者 P 帧。

② 双向预测。AVS Part 2 中有两种双向预测:对称预测和方向预测。

在对称预测中,对于每一个分割,只需要传一个前向运动矢量,而后向运动矢量可以通过一个对称规则从前向运动矢量中推导得出。在方向预测中,前向和后向运动矢量都是从后向参考图像中有序的运动矢量推导的。

2) 变换与量化

变换编码之所以能够压缩信息,是因为经过变换后,一般数值较大的方差总是集中在少数系数中,大幅值的系数往往集中在低频率区内,这样就可以给那些小幅值系数分配较小的位,甚至可以不传送,从而有效地压缩了要传送的数据量。

　　基于块的 DCT 能很大程度地去除图像在变换域中的相关性,在图像和视频编码领域得到广泛应用。但是由于 DCT 的计算量大以及存在反变换失配,所以 AVS Part 2 采用 8×8 二维整数余弦变换(integer cosine transform,ICT),其性能接近 8×8 DCT,但精确定义到每一位的运算避免了不同反变换之间的失配。ICT 具有复杂度低、完全匹配等优点,可通过加法和移位直接实现。由于采用 ICT,各变换基矢量的模大小不一,所以必须对变换系数进行不同程度的缩放以达到归一化的目的。为了减少乘法的次数,在 MPEG4 AVC/H. 264 中将正向缩放、量化、反向缩放结合在一起,而解码器只进行反量化,不需要反缩放的技术。与 MPEG4 AVC/H. 264 中的变换相比,AVS Part 2 视频标准中的变换有自身的优点,即由于变换矩阵每行的模比较接近,所以可以将变换矩阵的归一化在编码端完成,从而节省解码反变换所需的缩放表,降低解码复杂度,解码端反量化表不再与变换系数位置有关。AVS Part 2 中采用共 64 级近似 8 阶非完全周期性的量化,量化参数每增加 8,相应的量化步长就增加 1 倍,可以使编解码节省存储与运算开销,而性能上又不会受影响。

　　3)亚像素插值

　　两步插值广泛应用于具有 1/4 像素精度的视频编码标准中,如 H. 264/AVC、AVS 等。图 6.6 给出了两步插值方法的简单示意图。在这一方法中,插值过程可分为两步,第 1 步生成 1/2 像素值,第 2 步生成 1/4 像素值。每一步都使用可分离滤波器,在水平与垂直方向依次使参考图像的分辨率加倍。在 H. 264/AVC 中,亮度分量的 1/2 像素插值滤波使用六键 Lanczos 插值滤波器,而 1/4 像素插值滤波则采用简单的二键线性平均插值滤波器,AVS Part 2 亮度分量的插值采用了 Wang 等提出的“两步四键插值”(two steps four taps,TSTF)方法进行插值滤波。1/2 像素插值滤波使用四键三次卷积插值滤波器(cubic convolution interpolation filter),1/4 像素插值滤波使用四键三次 B 样条插值滤波器(cubic B-spline interpolation filter)。由于第二步都使用四键滤波器,故称为“两步四键插值”方法。

图 6.6　两步插值方法

　　4)环路滤波

　　在联合缩放和量化的过程中,对每个 ICT 系数进行量化,则会丢弃一些高频分量,以达到降低码率、提高压缩率的目的。然而,当量化系数(quantization parameter,QP)相对较大时,量化就比较粗糙,会造成块边缘大量高频信息的丢失,使得重建图像中块与块的边界出现跳变,这样就产生了块效应。在视频解码中使用的去块效应滤波器分为两类:后滤波器和环路滤波器。环路滤波器在编码循环中工作,经过滤波后的帧会被用做后续帧运动补偿时的参考帧,为了保证编解码的一致性,环路滤波的引入迫使所有基于标准的解码器都拥有相同的滤波过程。AVS Part 2 采用的变换量化是基于 8×8 块的,而帧间/帧内预测块的最小尺寸也是 8×8,因此,自适应环路滤波的块大小也是 8×8。为了指导滤波器正确有效地处理块效应强度不同的块,为块定义一个边界强度(boundary strength),即 Bs 值。这个边界强度是对块间块效应强度的一种度量,不同的 Bs 值会采用不同参数的滤波器来去块效应。通常,相邻的 8×8 的亮度块之间的边界上都存在一个 Bs,色度块的边界强度则用对应位置亮度块边界的 Bs 来替代。计算这个边界强度时,需要考虑相邻 8×8 块的编码模式/运动矢量和参考帧,针对块效应产生的原因来消除。

5)熵编码技术

对熵编码技术的研究始于 20 世纪 40 年代,后来其逐渐发展成为变长编码(variable length coding,VLC)和算术编码(arithmetic coding,AC)两大类。其中,最具代表性的变长编码是 1952 年霍夫曼提出的霍夫曼码。变长码的基本思想是为出现概率大的符号分配短的整数型码字,而为出现概率小的符号分配长的整数型码字,从而达到总体平均码字最短的目的。第 1 次用于视频/图像压缩的编码算法出现于 1969 年的 MT 会议上。在此基础上,1971 年 Tasto 和 Wintz 进行了进一步的研究,引入一种自适应编码机制,将图像的子块分为 3 类、4 种量化机制,量化后的每个系数可以采用定长编码或霍夫曼码字。针对 zigzag0 所形成的非零系数(记为 Level)及零系数游程(记为 Run),Chen 于 1981 年利用霍夫曼码构造了两个变长编码用于熵编码。1986 年,Chen 又采用 2D-VLC 联合编码(Level,Run)数对,这一技术被应用到 H. 261、MPEG1 及 MPEG2 标准中。此后,熵编码从简单的二维变长编码发展到三维变长编码(3D-VLC)。3D-VLC 利用联合编码(Run,Level,Last)数对进一步编码性能,最终被 H. 263 及 MPEG4 标准采纳。最新的 H. 264/AVC 标准的 Baseline Prifile 中定义了一种基于上下文的适应性变长编码(context-adaptive variable length coding,CAVLC),该方法针对 4×4 DCT 系数的幅值变化规律进行上下文模型设计,实现了多码表切换,从而达到较高的编码效率。

6.3　本章小结

本章主要介绍了 WVphone 系统可能用到的音视频编码技术,从音频和视频的角度分开阐述。对每种编码技术的基础知识和性能进行了比较详细的概括。

视频压缩编码技术首先介绍 MPEG4 视频编码的核心思想和关键技术，然后较为详细地描述了 H. 264 技术和 AVS 技术的特点和设计方法。每种视频编码技术都有自己的优缺点，如何解决这些视频技术所带来的问题，也是即将面临的挑战。掌握或了解这些技术，对 WVphone 系统的集成实现，无论在开发成本还是时间上都能取得事半功倍的效果。

参 考 文 献

[1] 王一帆. 远程智能语音采集器设计与实现. 西安：西安电子科技大学硕士学位论文，2010.

[2] 徐春秀，武穆清. IP 网络电话中常用的语音压缩编码技术的性能分析. 电子技术应用，2001，27(10)：6—9.

[3] 张益斌. 网络视频监控系统自适应技术的研究. 杭州：浙江大学硕士学位论文，2004.

[4] 高文. AVS 技术创新报告(2002～2010). 北京：人民邮电出版社，2011.

[5] 黄友文. 基于 AVS 标准的解码算法研究与实现. 上海：同济大学硕士学位论文，2008.

第 7 章　WAPI 技术

7.1　WVphone 的信息安全保障

保障信息安全是信息系统至关重要的要求,如果信息系统不能保障信息安全,则信息系统将不可能得到应用,甚至损害使用者的利益,由此而言,设计出一套成熟且可以大规模推广使用的 WVphone 信息系统,提高其系统安全性将是必须解决的问题。

信息安全基础科学是不分国界的,往往在信息安全标准制定中体现了国家利益。斯诺登棱镜门事件揭示了信息安全技术落后国家的尴尬局面。信息安全攻防矛盾的长期存在是客观的,信息安全问题没有一劳永逸的解决办法,无信息安全技术方向的主动权就是信息不安全,我国信息安全战略应以掌握主动权为目标,掌握主动权的关键在于尽量主动创新信息系统的安全技术标准机制,只有信息系统安全技术不断创新,才能保证开放信息系统相对安全,WVphone 信息系统也应如此。

为了提高用户使用的安全性与便利性而研发的 WVphone 系统,应遵循 2013 年我国工业和信息化部无线宽带 IP 标准工作组颁布的《无线局域网可视电话技术规范》标准。该标准规定了 WVphone 终端对于 ISO OSI/RM 参考模型各层的技术规范,其中 WLAN 数据链路层的接入安全,采用了我国自主知识产权的 WLAN 鉴别和保密基础架构[1](WLAN authentication and privacy infrastructure,WAPI)技术,从而使得WVphone中的数据链路层以上各层信息相对安全,为上层承载各种应用奠定了基础。

WVphone 系统中的网络层以上分层的安全保障采用了 IETF 等的技术标准。本章介绍 WAPI 技术,关于 WVphone 可能涉及的其他安全技术,读者可参阅相关资料。

7.2　WAPI 国家标准

非法用户在能够接收到无线信号的任何地方,都可以发起对公共 WLAN 的攻击,无须授权即可使用网络服务,这不仅会占用宝贵的无线信道资源,增加带宽费用,降低合法用户的服务质量,并且别有用心的人还可以利用这一漏洞进入局域网内部窃取机密。这对于正在高速发展的我国计算机网络来说,是现实存在的一个重大安全隐患。众所周知,为了保持稳步快速的发展,每一个团体或个人在使用无线技术时,首要考虑的是它的安全保密性。由于 IEEE 802.11 系列标准存在严重的安全漏洞,所以在今后规模普及 WLAN 时,包括我国在内的全球用户将会无法安全稳定地工作。因此,WVphone 系统的研发更要重视 WLAN 数据链路层的接入安全问题。

无论对于中低端的民用市场,还是企业级高端市场的拓展,可靠易用的安全方案本身已经成为现阶段 WLAN 产业链关注的热点。各厂商解决方案有所不同,形成了 WLAN 解决方案的差异化,需要采用一定的标准解决差异。

我国无线局域网国家标准 GB 15629.11—2003 中提出的成熟的 WAPI 安全机制,是解决信息系统网络的接入安全,特别是在保障 WLAN 接入安全方面广泛推广的可靠技术。在 WVphone 系统的实践中也采用了这种成熟技术。

7.3　WAPI 原理与实现

WAPI 是由我国率先提出的 WLAN 安全解决方案,也是目前国内各种 WLAN 架构系统中必须强制使用的标准。它由 WLAN 鉴别基础结构(WAI)和 WLAN 保密基础结构(WPI)构成。其中,WAI 采用了用于取代传统非对称算法 RSA 的基于椭圆曲线算法的公钥证书体制,WLAN 移动终端和接入点通过鉴别服务器相互进行身份鉴别[2]。

而在对数据传输的加密传输方面,非对称椭圆曲线算法虽然在加密数据时安全性较高,但是效率较低,所以 WAPI 中兼顾采用了国家商用密码管理委员会办公室提供的对称密码算法进行加密和解密。在对传输的数据进行加密时,先使用非对称的椭圆曲线算法对对称加密算法的密钥进行加密传送,再使用该对称密钥对传输数据进行高效率的加密传输,从而实现了设备的身份鉴别、链路鉴别、接入访问控制和用户信息在无线传输状态下的加密保护。

WAPI 整个系统由移动终端(station,STA)、接入点(access point,AP)、鉴别服务器(authentication server,AS)三部分构成。其中 AS 的主要功能是负责对证书的发布、鉴别和吊销等;STA 与 AP 上都装有 AS 发放的公钥证书,以此来作为自己的身份凭证。当 STA 登录 AP 时,在使用或访问网络之前必须和 AS 进行双向身份认证。只有持有合法证书的 STA 才能接入 AP,这样不仅可以防止非法 STA 接入 AP 访问网络并占用网络资源,还可以防止 STA 登录非法 AP 而造成信息泄露。

7.3.1 WAI 的原理

在 WVphone 系统中,除鉴别数据外,系统中的接入点和移动终端之间的网络协议数据交换是通过一个或多个受控端口来实现的。图 7.1 给出了鉴别系统结构,系统中受控端口的鉴别状态是由鉴别器实体根据 ASU 对 STA 的鉴别结果来设定的。

图 7.1 给出了鉴别请求者、鉴别器和鉴别服务实体之间的关系及信息交换过程,图中,鉴别器的受控端口处于未鉴别状态,鉴别器系统拒绝提供服务。鉴别器实体利用非受控端口和鉴别请求者通信。

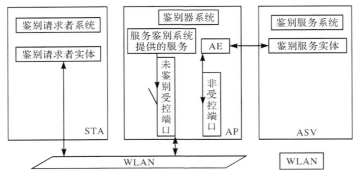

图 7.1 鉴别系统结构

WAI 工作原理如图 7.2 所示。

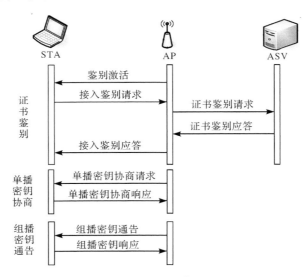

图 7.2 WAI 工作原理

（1）鉴别激活。当 STA 关联或重新关联至 AP 时,AP 向 STA 发送鉴别激活分组激活 STA 进行双向证书鉴别。

（2）接入鉴别请求。AP 收到 STA 发来的接入鉴别请求分组后,进行如下处理:若 AP 处于“已发送鉴别激活分组,正在等待接入鉴别请求分组”的状态,则 AP 记录鉴别请求时间,然后向 ASU 发送证书鉴别请求报文;否则丢弃该接入鉴别请求分组。AP 发送证书鉴别请求报文后,设置合理的超时时间。

（3）证书鉴别请求。ASU 收到证书鉴别请求报文后,进行如下处理:验证 AP 签名的有效性,如果 AP 签名错误,则丢弃该证书鉴别请求报文。检查 AP 证书是否是本 ASU 颁发的证书,如果不是,则丢弃该证书鉴别请求报文或者将 AP 证书的验证结果置为如果证书的颁发者不明确则放弃该次操作,否则验证 AP 证书的状态,执行操作。

（4）证书鉴别应答。AS 收到 AP 的证书鉴别请求后,验证 AP 的签名以及 AP 和 STA 证书的真实性和有效性。鉴别完毕后,AS 将由 STA 证书鉴别结果和 AP 证书认证结果构成的证书鉴别应答报文回送至 AP。

（5）接入鉴别应答。AP 对鉴别服务器返回的证书鉴别应答进行签名,从而得到 STA 的鉴别结果。AP 将 STA 证书鉴别结果信息、AP 证书认证结果信息以及 AP 对它们的签名组成接入认证应答报文回送至 STA。STA 鉴别 AS 的签名后,用得到的鉴别结果决定是否同意接入该 AP。

（6）密钥协商请求。证书鉴别成功后,AP 向 STA 发送密钥协商请求分组开始与 STA 协商单播密钥。

（7）密钥协商响应。由 STA 发往 AP,AP 接收到 STA 返回的密钥协商响应分组后,进行如下处理:恢复出长度为 16 个 8 位位组的随机数据 R1,本地采用随机数生成算法生成长度为 16 个 8 位位组的随机数据 R2。若是正确信息,则将 R1 与 R2 按位异或运算后,得到长度为 16 个 8 位位组的单播主密钥,利用 KD-HMAC-SHA256 算法进行扩展,生成 48 个 8 位位组的单播会话密钥(第一个 16 个 8 位位组为单播加密密钥,第二个 16 个 8 位位组为单播完整性校验密钥,最后 16 个 8 位位组为消息鉴别密钥)。利用消息鉴别密钥通过 HMAC-SHA256 算法计算本地消息鉴别码,与分组中的消息鉴别码字段值比较。

（8）组播密钥协商。单播密钥协商成功后,AP 向 STA 发送组播密钥通告分组,完成 AP 与 STA 之间的组播密钥的协商。在组播密钥的更新过程中,AP 在对数据帧进行加密发送时,仍使用旧的密钥,只有当所有已关联到该 AP 且证书验证成功的 STA 密钥通告成功后,才会使用最新的密钥对需要发送的数据帧进行加密处理。

至此,STA 与 AP 之间就完成了证书认证过程。若认证成功,则 AP 允许 STA 接入,否则解除其登录。

　　在证书双向认证结束后,AP 和 STA 可以利用合法证书的公钥进行会话密钥的协商,上述私钥验证过程也可省略,实现密钥的集中、安全管理。

7.3.2　WPI 的实现

　　WPI 对数据进行加密的方式是使用对称密钥算法,这其中主要是对 MAC 子层的 MAC 服务数据单元(MSDU)进行加解密处理。图 7.3 为加密与解密过程,图中密钥 K 的产生方式可能有以下几种:由可信的第三方认证中心(CA)的发布机构获得;由双方事先约定的函数产生;由其中一方随机产生,并使用非对称加密等保密技术通知另外一方约定形成。同时考虑到对称加密方式安全性方面的不足,加密时可采用一次一密钥的方式来增强其保密性。

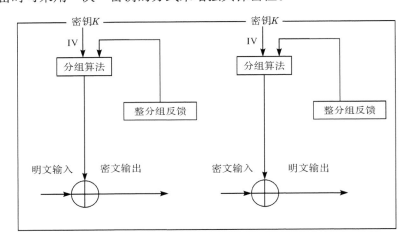

图 7.3　加密与解密过程

　　发送数据时,WPI 的封装过程如下。

　　(1) 利用加密密钥与数据分组序列号 SN,通过加密算法对 MSDU 数据进行加密操作,得到 MSDU 的密文。

　　(2) 利用密钥与数据分组序列号 SN 进行完整性校验,通过校验算法对完整性校验数据进行计算,得到完整性校验码 MIC。

　　(3) 进行二次封装后再发送。

　　接收数据时,WPI 的解封装过程如下。判断数据分组序列号 SN 是否有效,若无效,则丢弃该数据。

　　(1) 利用密钥与数据分组序列号 SN 进行完整性校验,在本地通过校验算法对完整性校验数据进行计算,若分组中的校验码 MIC 与计算得到的值不相同,则丢弃该数据。

　　(2) 利用解密密钥与数据分组序列号 SN,通过解密算法对分组中的 MSDU

密文进行解密,恢复出 MSDU 明文。

（3）去除帧头和帧尾后将 MSDU 明文递交至网络层和应用层分别进行处理。

经过分析可以发现,虽然使用了密钥协商,WAPI 可以满足 WLAN 的通信数据安全,但在对 STA 与 AP 的身份认证上还不是最完善的,攻击者可以利用中间人攻击手段进行攻击。图 7.4 所示为攻击者可能采取的策略。

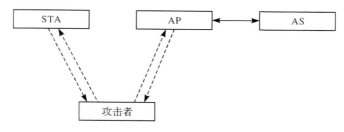

图 7.4　攻击者可能采取的策略

若攻击者恶意强占了端口资源,就会对其他站点的正常接入产生不利影响,因为虽然理论上端口是无限的,但 AP 的处理能力是有限的,超过它的处理能力就会使它的资源负载过重,处理连接的质量严重下降,从而造成了 DoS 攻击,且攻击者可能在 STA 与 AP 之间进行重放攻击,这时的安全性将完全依赖密钥对数据本身的加密强度,从而产生了严重的安全漏洞。由此可见,在认证开始时若没有 STA 和 AP 之间的直接认证,则容易给系统留下漏洞,同时也会加重服务器的负载。

WAPI 是一个在安全级别上很高的协议,表 7.1 是 802.11i 和 WAPI 的比较。

表 7.1　802.11i 和 WAPI 的比较

环节	比较方面	802.11i	WAPI
认证	特征	无线用户和 RADIUS 服务器认证,双向认证,无线用户身份通常为用户名和口令	无线用户和无线接入点的认证,双向认证,身份凭证为公钥数字证书
	性能	认证过程复杂,RADIUS 服务器不易扩充	认证过程简单,客户端可支持多证书,方便用户多处使用,充分保证其漫游功能,认证单元易于扩充,支持用户的异地接入
	安全漏洞	用户身份凭证简单,易于盗取,共享密钥管理存在安全隐患	无
	算法	未确定	192/224/256 位的椭圆曲线签名算法
	安全强度	较高	最高
	扩展性	低	高

环节	比较方面	802.11i	WAPI
加密	算法	128 位的 WEP 流加密,128 位的 AES 加密	认证的分组加密
	密钥	动态(基于用户、认证、通信过程中的动态更新)	动态(基于用户、认证、通信过程中的动态更新)
	安全强度	高	最高

7.4　WAPI 在 WVphone 终端的实现

7.4.1　WAPI 驱动程序移植

将无线网卡驱动程序源代码解压后,修改顶层 Makefile 文件,将编译器配置成交叉编译器路径,即将 CC 替换为 arm-926ejs-linux-gcc,此处是根据作者自己的开发环境选择的编译器,当然,开发者可以根据自己的需求和熟悉程度选择自己的编译器。PC 端的环境变量中加入交叉编译器路径 make 后,即生成开发版所需要的驱动程序,移植成功。注意,此处需要的库源码在开源社区都能找到,下面提到的目录都是根据编译器名字或库的名字需要而取,达到见名知意的效果。

7.4.2　WAPI 网络管理软件移植过程

1. 移植 ncurses 库

在开源社区下载 ncurses 源代码,解压缩后进行配置,参数如下:
./configure- -host=arm-926ejs-linux- -with-shared- -prefix=/mnt/nfs/wapi_wireless/ncurses
然后编译、编译安装,便在/mnt/nfs/wapi_wireless/ncurses 目录下生成了需要的库文件。

2. 移植 readline

在开源社区下载 readline 源代码,解压缩后进行配置,参数如下:
./configure- -host=arm-926ejs-linux- -with-shared- -prefix=/mnt/nfs/wapi_wireless/readline
然后编译、编译安装,便在/mnt/nfs/wapi_wireless/readline 目录下生成了需要的库文件。

上述库文件移植后,将 include 和 lib 文件夹下的文件都复制到交叉编译器的相应文件夹下。

3. 移植 wpa_supplicant 管理软件

```
echo "ac_cv_func_malloc_0_nonnull=yes" >arm-linux.cache
./configure- -prefix=/mnt/nfs/wapi_wireless/wpa_supplicant- -host=
arm-926ejs-linux- -cache-file=arm-linux.cache
```

修改 Makefile 文件,将-lcrypto-lssl 修改为-lssl-lcrypto,然后手动修改 wpa_gui 文件夹下的 Makefile 文件,修改交叉编译环境,即在 CC、CXX、LINK、RAN-LIB 前都添加 arm-926ejs-linux。

最后,在顶层目录下编译,即可移植成功。

7.4.3　配置 WAPI 无线网络

进入 aq3.ko 所在的目录,输入"insmod aq3.ko"加载驱动,然后运行"iwpriv wif0 set add=sta"。

1) 网卡基本配置

使用网卡前,需要输入"ifconfig wlan0 up"打开网络接口;网卡的 IP 地址可以设为静态或者 DHCP,静态 IP 需输入"ifconfig wlan0 xx.xx.xx.xx"设置,在连入支持 DHCP 服务的网络后可输入 dhclient 动态获取 IP。

2) 配置开放网络

运行"iwlist wlan0 scanning"命令,查看当前可用的开放网络。假如,扫描到当前开放网络的 essid 为 wapiopen,运行"iwconfig wlan0 essid wapiopen",即实现联网过程。

3) 配置 WAPI-PSK 网络

首先填写配置文件,配置 ssid、psk、proto、key_mgmt。ssid 配置成需要联网的 WAPI-PSK 网络的 ssid,psk 为该网络的预共享密钥,proto 为 WAPI,key_mgmt 为 WAPI-PSK,将文件保存为/etc/wpa_supplicant.conf,然后运行 wpa_supplicant-B-iwlan0-c/etc/wpa_supplicant.conf,即完成 WAPI-PSK 网络的连接。

4) 配置 WAPI-CERT 网络

同样需要首先填写配置文件,配置 ssid、proto、key_mgmt、private_key。ssid 配置成需要联网的 WAPI-CERT 网络的 ssid,proto 为 WAPI,key_mgmt 为 WAPI-CERT,private_key 为 WAPI 证书存放的路径,将文件保存为/etc/wpa_supplicant.conf,然后运行 wpa_supplicant-B-iwlan0-c/etc/wpa_supplicant.conf,即完成 WAPI-CERT 网络的连接。

在通过 wpa_supplicant 命令配置 WAPI-PSK 或者 WAPI-CERT 网络后,可以运行 wpa_cli 查看配置结果,运行 wpa_cli 后,输入 status,便可看到当前采用了何种加密方式进行通信。

在对网络配置成功后,即可在 WAPI 协议的 WLAN 接入安全保障下进一步开发 WVphone 需要的上层其他软件和应用。

7.5　本章小结

本章介绍 WAPI 技术的基本原理和在 WVphone 终端系统中的实现,作者安排本章的意图是强调国家自主知识产权 WAPI 对 WVphone 信息系统安全的重要性,其中介绍的 WAPI 的实现过程仅供读者参考。

参 考 文 献

[1] 张帆,马建峰. WAPI 认证机制的性能和安全性分析. 西安电子科技大学学报,2005(2):210-215.

[2] 铁满霞,黄振海,张变玲,等. WAPI 证书鉴别与密钥管理协议. 移动通信,2006:37-41.

第8章　WVphone 视频传输技术

WVphone 系统实现可视通话,需要视频传输技术的支持。WVphone 系统遵循 2013 年我国工业和信息化部无线宽带 IP 标准工作组颁布的《无线局域网可视电话技术规范》标准。采用实时传输协议(realtime transport protocol,RTP)传输视频。

本章主要介绍 RTP 技术。关于 WVphone 在传输视频时可能涉及的其他技术,读者可参阅相关资料。

多媒体数据传输协议主要使用 RTP,其是针对互联网上多媒体数据流的一个传输协议,由 IETF 作为 RFC 1889 发布,现在较新的为 RFC 3550。RTP 被定义为在一对一或一对多的传输情况下工作,其目的是提供时间信息和实现流同步。RTP 的应用多建立在 UDP 上,但也可以在 TCP 等其他协议之上工作。RTP 实行有序传送,其中的序列号允许接收方重组发送方的包序列,同时序列号也能用于决定适当的包位置。

RTP 并不保证传送或防止无序传送,服务质量由实时传输控制协议(realtime transport control protocol,RTCP)来提供。RTCP 负责管理传输质量,在当前应用进程之间交换控制信息,提供流量控制和拥塞控制服务所要用到的信息。

在 RTP 会话期间,各参与者周期性地传送 RTCP 包,包中含有已发送数据包的数量、丢失数据包的数量等统计信息,因此,服务器可以利用这些信息动态地改变传输速率,甚至改变有效载荷类型。RTP 和 RTCP 配合使用,能以有效的反馈和最小的开销使传输效率最佳化,故特别适合传送网上的实时数据。RTP 和 RTCP 被设计成与传输层和网络层无关,两种协议分别提供实时传输控制所需要的不同方法。

RTP 被规定为可扩展的,用来提供一个专门的应用程序需要的信息,并经常性地被归并到应用程序的处理中,而不是作为一个单独的层被实现。RTP 只是一个故意不完成的协议框架,和常规的协议不同,额外的功能可以通过完善协议本身或者增加一个可能需要分析的选项机制来进行,RTP 被规定为可以根据需要通过修改或增加操作,"剪裁"报头。本书说明一些功能细节,希望这些功能能够普遍贯穿或用于 WVphone 终端,用于视频传输的研发中以及所有适合使用 RTP 的应用进程或线程。

8.1　术　　语

（1）RTP 负载（RTP payload）：RTP 包中的数据，如音频样本或压缩好的视频数据。

（2）RTP 包（RTP packet）：一种数据包，其组成部分有一个固定 RTP 报头、一个可能为空的作用源（contributing source）以及负载数据。一些下层协议可能要求对 RTP 包的封装进行定义。一般来说，下层协议的一个包包含一个 RTP 包，但若封装方法允许，也可包含数个 RTP 包。

（3）RTCP 包（RTCP packet）：一种控制包，其组成部分包括一个类似 RTP 包的固定报头，后跟一个结构化的部分。该部分具体元素依不同 RTCP 包的类型而定，也可见其格式相应定义。一般来说，多个 RTCP 包将在一个下层协议的包中以合成 RTCP 包的形式传输；这依靠 RTCP 包的固定报头中的长度字段来实现。

（4）端口（port）：传输协议用来在同一主机中区分不同目的地址的一种抽象，TCP/IP 使用正整数来标识不同端口。OSI 传输层使用的传输选择器（transport selectors, TSEL）等同于这里的端口。RTP 需依靠低层协议提供的多种机制，用以多路复用会话中的 RTP 和 RTCP 包。

（5）传输地址（transport address）：是网络地址与端口的结合，用来标识一个传输层次的终端，如一个 IP 地址与一个 UDP 端口。

（6）RTP 媒体类型（RTP media type）：一个 RTP 媒体类型是一个单独 RTP 会话所载有的负载类型的集合。RTP 配置文件把 RTP 媒体类型指派给 RTP 负载类型。

（7）多媒体会话（multimedia session）：一个参与者公共组中，所有参与者 RTP 会话的集合。例如，一个视频会议（多媒体会话）可能包含一个音频 RTP 会话和一个视频 RTP 会话。

（8）RTP 会话（RTP session）：参与者确定一对目的传输地址来建立一个 RTP 会话。参与者与会话是一对多的关系，每个参与者可以在多个 RTP 会话中传输数据。每种媒体的数据在多媒体会话中都是通过不同的 RTCP 包和不同的 RTP 会话来传送的，除非利用不同的编码方式将每种媒体的数据多路复用到一路中。参与者利用不同的 IP 地址对来区分不同的 RTP 会话，一个 IP 地址对包含一个 IP 地址以及一对分别用于 RTP 和 RTCP 的端口。每个 RTP 会话中的参与者均可以使用一个相同的目的地址对，也可以使用各自不同的目的地址对来接收数据。前者类似于 IP 多播，对于后者，参与者既可以对所有发送方使用相同的地址对来接收数据，也可以根据发送方的不同来使用不同的地址对进行数据接收。

　　RTP 会话利用一个被称为同步源标识符(SSRC)的字段来区分不同的 RTP 会话,每个 RTP 会话的 SSRC 字段均不相同。一个 RTP 会话中的任意参与者均可以利用 RTCP 或 RTP(同步源或作用源)来传递 SSRC,而能够接收该 SSRC 的参与者所组成的组为该 RTP 会话包含的参与者组。在一个三方会议的例子中,使用单播 UDP 来传输数据,每方都使用不同的端口对来接收另外两方的数据。如果接收方接收到数据后均反馈 RTCP 至发送方,则这是个由三个单独的点对点 RTP 会话构成的会议;如果接收方接收到数据后反馈 RTCP 至另外两方,那么这是个由一个多方(multi-party)RTP 会话构成的会议,后者和 IP 多播通信的情景相似。

　　RTP 框架允许上述规定发生变化,但一个特定的控制协议或者应用程序在设计时常常对变化作出约束。

　　(9) 同步源:在 RTP 报头中有一个 32 位大小的字段来对 SSRC 进行标识,SSRC 用于区分 RTP 包流的来源。接收方可以重放同一同步源的所有数据。同步源是指来自同一信号源(如摄像机、RTP 混频器、麦克风等)发送的包流。音频编码以及其他的某些同步源可以随时间变化而改变其数据格式。在一个 RTP 会话中 SSRC 的值是随机选取的,用来全局唯一地标识包流的来源。而在多个 RTP 会话中 SSRC 的选取可能重复,也可能不重复。通过 RTCP 的数据可以绑定 SSRC 标识符。如果在一个 RTP 会话中有多个来自不同同步源的包流,如来自多个麦克风,那么必须将每个包流都标识成来自不同的同步源。

　　(10) 作用源:一个作用源表示一个对 RTP 混频器所产生的组合流起了作用的 RTP 包流的源。CSRC 是一个由所有对特定包起作用的源的 SSRC 标识符所组成的列表,并且被混频器插入 RTP 报头中,该表有 0~15 项,每项 32bit。例如,在音频会议中,混频器可以通知所有参与者将谁的话语(speech)组合到发出的包中,通过使所有的包都被混频器组合在同一个 SSRC 标识符中,可以清楚地让听者(接收者)分辨出当前的讲话人。

　　(11) 终端系统(end system):一种可以产生或者接收 RTP 包中内容的应用程序。终端系统可以在一个 RTP 会话中扮演一个或者多个同步源角色。

　　(12) 混频器(mixer):一种将一个或者多个源中接收的 RTP 包按照某种方式(可能会改变数据格式)组合成一个新的包并且将其转发出去的中间系统。因为混频器将针对多个输入源计时不同步的情况对各个流的计时作出调整,并且为组合流生成新计时,所以混频器也被当成一个同步源[1]。

　　(13) 转换器(translator):一种转发 RTP 包的中继系统,该中继系统不会改变 SSRC。其相应的例子有复制多播到单播的装置、防火墙的过滤器以及不作混频转变编码的设备等[1]。

　　(14) 监视器(monitor):一种接收 RTP 会话参与者发送的 RTCP 包并且接收

报告(reception report)的应用程序,该应用程序主要的功能有对当前服务质量进行评估、分配监视任务、故障诊断和长期统计。监视器可以是一个不参加会话,也不参与 RTP 数据包的发送和接收的独立应用程序,也可以被内建到参与会话的应用程序之中,前者被称为第三方监视器。除此之外,第三方监视器也可以只接收而不发送数据包,或者另外算入会话中。

(15) 非 RTP 途径(non-RTP means):除了上述机制外,还需要另外的协议或者机制来为服务提供保障。一个控制协议在一个多媒体会议中不仅可以发布加密密钥、协商加密算法、发布多播地址,还可以为没有预定义的负载类型值的格式建立其所代表的负载格式和负载类型值之间的动态映射。使用其他协议的例子有使用 SDP(RFC 2327)的应用程序 RTSP(RFC 2326)、SIP(SIRFC 3261)、ITU推荐的 H.323 等。某些简单的应用程序或许会使用到会议数据库以及电子邮件,针对这些协议和机制的详细说明请参阅相关资料。

8.2　数　据　格　式

8.2.1　RTP 固定头域

RTP 头域格式如图 8.1 所示。

V＝2	P	X	CC	M	PT	序列号
时间戳						
SSRC						
CSRC						
...						

图 8.1　RTP 头域格式

前 12B 出现在每个 RTP 包中,只在被混频器插入时才出现 CSRC 列表。这些域的含义如下(具体格式定义参见 RFC 3550)。

版本(V):2 位,此域定义了 RTP 的版本,此协议定义的版本号是 2。

填充(P):1 位,若填充位被设置,则此包包含一到多个附加在末端的填充位,填充位不计为负载的一部分。填充的最后 1B 指明可以忽略多少个填充位。填充可能用于某些具有固定长度的加密算法,或者用于在底层数据单元传输多个RTP 包。

扩展(X):1 位,若设置扩展位,则固定头后面跟随一个头扩展。

CSRC 计数(CC):4 位,CSRC 计数包含了跟在固定头后面 CSRC 的数目。

　　标识(M):1 位,标识的解释由具体协议规定,用来允许在比特流中标记重要的事件,如帧边界。

　　负载类型(PT):7 位,定义了负载的格式(标准类型可参考 RFC 3551),由具体应用决定其解释。协议可以规定负载类型码和负载格式之间一个默认的匹配,其他的负载类型码可以通过非 RTP 方法动态定义。RTP 发送端在任意给定时间发出一个单独的 RTP 负载类型;此域不用来复用不同的媒体流。

　　序列号(sequence number):16 位,每发送一个 RTP 数据包,序列号加 1,接收端可以据此检测丢包和重建包序列。序列号的初始值是随机的(不可预测),以使得在源本身不加密时(在包通过翻译器时可能会发生这种情况),对算码算法泛知的普通文本攻击也会变得更加困难。

　　时间戳(timestamp):32 位,时间戳反映了 RTP 数据包中第一个字节的采样时间。时钟频率依赖于负载数据格式,并在描述文件(profile)中进行描述,也可以通过 RTP 方法对负载格式进行动态描述。如果 RTP 包是周期性产生的,那么将使用由采样时钟决定的名义上的采样时刻,而不是读取系统时间。例如,对一个固定速率的音频,采样时钟将在每个周期内增加 1。如果一个音频从输入设备中读取含有 160 个采样周期的块,那么对于每个块,时间戳的值增加 160。时间戳的初始值应当是随机的,就像序列号一样。对于同时产生的几个连续的 RTP 包,若属于同一个视频帧的 RTP 包,则有相同的序列号。不同媒体流的 RTP 时间戳可能以不同的速率增长,而且会有独立的随机偏移量。因此,虽然这些时间戳足以重构一个单独的流的时间,但直接比较不同的媒体流的时间戳则不能进行同步。对于每一个媒体,把与采样时刻相关联的 RTP 时间戳与来自参考时钟的时间戳(NTP)相关联,实现上参考时钟的时间戳就是数据的采样时间。RTP 时间戳可用来实现不同媒体流的同步,NTP 时间戳解决了 RTP 时间戳有随机偏移量的问题。参考时钟用于同步所有媒体的共同时间。这一时间戳对(RTP 时间戳和 NTP 时间戳)用于判断 RTP 时间戳和 NTP 时间戳的对应关系,以进行媒体流的同步。它们不是在每一个数据包中都被发送,而是在发送速率更低的 RTCP 的 SR(发送者报告)中。如果传输的数据是存储好的,而不是实时采样得到的,那么会使用从参考时钟得到的虚的表示时间线(virtual presentation time-line),以确定存储数据中的每个媒体下一帧或下一个单元应该呈现的时间。这种情况下,RTP 时间戳反映了每一个单元应当回放的时间,真正的回放将由接收者决定。

　　SSRC:32 位,用以识别同步源。标识符被随机生成,以使在同一个 RTP 会话期中没有任何两个同步源有相同的 SSRC。尽管多个源选择同一个 SSRC 的概率很低,但所有 RTP 实现工具都必须准备检测和解决冲突。若一个源改变本身的源传输地址,则必须选择新的 SSRC,以避免被当成一个环路源。

CSRC:0~15 项,每项 32 位,CSRC 列表识别在此包中负载的所有作用源,识别符的数目在 CC 域中给定。若有贡献源多于 15 个,则仅识别 15 个。CSRC 由混频器插入,并列出所有作用源的 SSRC,如语音包,混合产生新包的所有源的 SS-RC 都被列出,以在接收端正确指示参与者。

8.2.2　RTP 扩展域

RTP 提供了扩展机制以允许实现个性化:某些新的与负载格式独立的功能要求的附加信息在 RTP 数据包头中传输,设计此方法可以兼容其他没有扩展机制的 RTP 数据传输。RTP 扩展域格式如图 8.2 所示。

图 8.2　RTP 扩展域格式

若 RTP 头中的扩展位设置为 1,则一个长度可变的头扩展部分被加到 RTP 固定头之后。头扩展包含 16 位的长度域,指示扩展项中 32 位字的个数,不包括 4B 扩展头(因此零是有效值)。RTP 固定头之后只允许有一个头扩展。为允许多个互操作实现独立生成不同的头扩展,或某种特定实现有多种不同的头扩展,扩展项的前 16 位用以识别标识符或参数,这 16 位的格式由具体实现的上层协议定义。基本的 RTP 说明并不定义任何头扩展本身。

8.2.3　RTCP 包格式

这部分定义了几个 RTCP 包类型,用以传送不同的控制信息。

1) 发送者报告

发送者报告(SR)描述作为活跃发送者成员的发送和接收统计数字。发送者报告包由三部分组成,若定义,可以跟随第 4 个面向协议的扩展部分,如图 8.3 所示。

(1) 头部(header),8B,该域有以下含义。

版本(V):2 位,RTP 版本识别符,在 RTCP 包内的意义与 RTP 包中的相同,此协议中定义的版本号为 2。

填充(P):1 位,若设置填充位,则该 RTCP 包在末端包含一些附加填充位,并不是控制信息的基本部分。填充的最后 1B 统计了多少字节必须被忽略。填充可能会用于需要固定长度块的加密算法。在复合 RTCP 包中,复合包作为一个整体加密,填充位只能加在最后一个单个 RTCP 包后面。

头部	V＝2	P	RC	PT＝SR＝200		长度
	发送者 SSRC					
发送者信息	NTP 时间戳最高有效字					
	NTP 时间戳最低有效字					
	RTP 时间戳					
	发送者发送的报文数					
	发送者发送的字节数					
报告块 1	SSRC_1(第一个源节点的 SSRC)					
	丢失的片			丢包数		
	接收到的最大扩展序列号					
	到达间隔抖动					
	LSR					
	DLSR					
报告块 2	SSRC_2(第二个源节点的 SSRC)					
	配置扩展文件					

图 8.3　RTCP 包格式

接收报告块计数(RC):5 位,该包中所含接收报告块的数目,零值有效。

包类型(PT):8 位,包含常数 200,用以识别这个包是否为 SR 包。

长度:16 位,该 RTCP 包的长度减 1,其单位是 32 位,包括头和任何填充字节(偏移量 1 保证零值有效,避免了在扫描 RTCP 包长度时可能发生的无限循环,同时以 32 位为单位避免了某些有效性检测)。

SSRC:32 位,SR 包发送者的 SSRC。

(2) 发送者信息(sender info),20B,在每个 SR 包中出现,概括了从此发送者发出的数据传输情况,此域有以下意义。

NTP 时间戳:64 位,指示此报告发送时的背景时钟(wallclock)时刻,它可以与从其他接收者返回的接收报告块中的时间标识结合起来,计算每个接收者往返所花费的时间。接收者应让 NTP 时间戳的精度远大于其他时间戳的精度。时间戳测量的不确定性不可知,因此也无须指示。一个系统可能没有背景时钟的概念,而只有系统指定的时钟,如系统时间。在这样的系统中,此时钟可以作为参考计算相对 NTP 时间戳。选择一个公用的时钟是非常重要的,这样多个独立的应用都可以使用相同的时钟。

RTP 时间戳:32 位,与以上 NTP 时间戳对应同一时刻,与数据包中的 RTP 时间戳具有相同的单位和偏移量。这个一致性可以用来让 NTP 时间戳已经同步的源之间进行媒体内与媒体间同步,还可以让与媒体无关的接收者估计名义RTP时钟频率。注意,在大多数情况下此时间戳不等于任何临近的RTP包中的时间戳。RTP时间戳可以由相应的NTP时间戳计算得到,依据的是"RTP时间戳计数器"和"在采样时通过周期性检测背景时钟时间得到的实际时间"两者之间的关系。

发送的报文数:32位,从开始传输到此SR包产生时该发送者发送的RTP数据包总数。若发送者改变SSRC,则重设该计数器。

发送的字节总数:32位,从开始传输到此SR包产生时该发送者在RTP数据包发送的字节总数(不包括头和填充)。若发送者改变SSRC,则重设该计数器。此域可以用来估计平均的负载数据发送速率。

(3) 接收报告块(report block),每个接收报告块传输从某个同步源来的数据包的接收统计信息。若数据源因冲突而改变其SSRC,则接收者重新设置统计信息。块数等于自上一个报告以来该发送者侦听到的其他源(不包括自身)的数目,这些统计信息如下。

SSRC_n:32位,在此接收报告块中信息所属源的SSRC。

丢包率:8位,自前一SR包或RR包发送以来,从SSRC_n发来的RTP数据包的丢失比例,以定点小数的形式表示,该值定义为损失包数除以期望接收的包数。

累计包丢失数:24位,从开始接收到现在,从源SSRC_n发到本源的RTP数据包的丢包总数。该值定义为期望接收的包数减去实际接收的包数,接收的包包括复制的或迟到的。由于迟到的包不计为损失,所以在发生复制时丢包数可能为负值。期望接收的包数定义为扩展的上一个接收序号(随后定义)减去最初接收序号。

接收到的扩展的最高序列号:32位,低16位包含从源SSRC_n发来的最高接收序列号,高16位用相应的序列号周期计数器扩展该序列号。注意,在同一会议中的不同接收者,若启动时间明显不同,将产生不同的扩展项。

到达间隔抖动:32位,RTP数据包到达时刻统计方差的估计值,测量单位同时间戳单位,用无符号整数表达。

上一SR报文(LSR):32位,接收到的来自源SSRC_n的最新RTCP发送者报告的64位NTP时间标识的中间32位。若还没有接收到SR,则该域值为零。

自上一SR的发送时间(DLSR):32位,是从收到来自SSRC_n的SR包到发送此接收报告块之间的延时,以1/65536s为单位。若还未收到来自SSRC_n的SR包,则该域值为零。

2) 接收者报告

接收者报告(RR)用于描述非活跃发送者成员的接收统计数字。RR包与SR

包基本相同,除了包类型域包含常数 201 和没有 SR 中发送者信息的 5 个字段
(NTP 和 RTP 时间戳和发送者包和字节计数),余下区域与 SR 包意义相同,如图
8.4 所示。若没 SR 和 RR,则在 RTCP 复合包头部加入空的 RR 包(RC＝0)。
RR 包格式如图 8.4 所示。

头部	V＝2	P	RC	PT＝RR＝201	长度
	报文发送者 SSRC				
报告块 1	SSRC_1(第一个源节点 SSRC)				
	片丢失		累加的丢失包数		
	接收到的最大的扩展序列号				
	到达间隔抖动				
	最新的 SR(LSR)				
	最后一个 SR 延迟(DLSR)				
报告块 2	SSRC_2(第二个源节点 SSRC)				
	配置文件扩展				

图 8.4　RR 包格式

　　RTP 接收者利用 RTCP 报告包提供接收质量反馈。根据接收者是否同时还
是发送者,RTCP 包采取两种不同的形式。SR 和 RR 格式的不同之处除包类型码
之外,在于 SR 包括 20B 的发送者信息。

　　SR 包和 RR 包都包括零到多个接收报告块。针对该接收者发出上一个报告
块后接收到 RTP 包的起始同步源,每个源一个块。报告不发送给 CSRC 列表中
的作用源,每个接收报告块提供从特定数据源接收到数据的统计信息。由于 SR/
RR 包最多允许有 31 个接收报告块,故可以在最初的 SR 包或 RR 包之后附加 RR
包,以包含从上一个报告以来的间隔内收听到的所有源的接收报告。如果数据源
太多,致使若把所有的 RR 包放到同一个 RTCP 复合包中会超出网络的 MTU,那
么就在一个周期内选择上面 RR 包的一部分以不超过 MTU。这些 RR 包的选取
应让各个包都有同等的概率被选取到,这样在几个发送周期间隔中,对所有的数
据源就都发送接收报告了。

　　如果应用程序需要其他信息,那么也可以对其进行扩展,描述文件应该定义
RR 和 SR 描述文件扩展。扩展部分是发送报告包和接收报告包的第四部分。如
果有,应紧跟在接收报告块的后面。

　　3)源描述项

　　源描述(SDES)包由一个头及 0 个或多个块组成,每个块都由块中所标识的数

据源的标识符及其后的各个描述构成,其中包括规范名 CNAME,如图 8.5 所示。

头部	V=2	P	SC	PT=SDES=202	长度
数据块 1	发送者的 SSRC(32 bit)				
	SDES 字段				
数据块 2	SSRC/CSRC_2				
	SDEC 字段				

图 8.5　源描述包格式

4)BYE

BYE 包是终止参与会议信息的包,表明一个或多个源将要离开。如果混频器收到 BYE 包,则混频器应当发送这个 BYE 包,并保持 SSRC/CSRC 不变。如果混频器关闭,则应向作用源列表中的所有 SSRC,包括自身的 SSRC 发送 BYE 包。BYE 包可能选择性地包含 8B 的统计字段,其后附加几字节的文本表明离开的原因,如图 8-6 所示。

V=2	P	SC	PT=BYE=203	长度
发送者的SSRC				
名称(ASCll)				
选项	长度	离开原因		

图 8.6　BYE 包格式

文本字符串编码格式和 SDES 中描述的相同。

5)APP

APP 包用于对新程序的应用和特点进行实验,当实验完成并被证实可大规模应用时,可在 IANA 注册。APP 包格式如图 8.7 所示。

V=2	P	子类型	PT=APP=204	长度
发送者的 SSRC(32 bit)				
名称(ASCII)				
独立应用数据				

图 8.7　APP 包格式

8.2.4　数据包处理限制

每个 RTP 参与者在一个报告间隔内应只发送一个 RTCP 复合包,以便正确估计每个参与者的 RTCP 带宽。如果数据源的个数太多,以至于不能把所有的 RR 包都放到同一个 RTCP 包中而不超过网络路径的最大传输单元(maximum transport unit,MTU),那么可在每个间隔中发送其中的一部分包。在多个发送间隔中,所有的包应该被等概率地选中,这样就可以报告所有数据源的接收数据的情况。如果一个 RTCP 复合包的长度超过了网络路径的 MTU,则它应当被分割为多个更短的 RTCP 包来传输。这不会影响对 RTCP 带宽的估计,因为每一个复合包至少代表了一个参与者。需要注意的是,每个 RTCP 复合包必须以 SR 或 RR 包开头。

　　每个 RTCP 包都有一个包头,然后根据包的类型的不同,包头后跟着不同长度的结构化的数据项,这些数据项都有一个 32 位的包边界。对齐要求和 RTCP 的长度域相关以使得 RTCP 包可"堆栈",即可以将多个 RTCP 包形成一个复合 RTCP 包,在底层协议(如 UDP)中,通常都是将复合包作为一个包传输的。

　　复合包中的每个 RTCP 单包可以单独处理,而无需考虑包复合的顺序。然而,为了实现某些协议功能,添加以下限制。

　　(1) 接收方数据统计(包含于 SR 和 RR 内)必须在带宽允许的情况下尽可能多地发送,以使统计更加精确。因此,每个 RTCP 包集合必须有一个 SR 或 RR 包。

　　(2) 新的接收者必须尽快得到源的 CNAME 并联系媒体求得同步,每个 RTCP 包集合必须包含 SDES CNAME。

　　综上所述,每个 RTCP 包都必须以混合包的形式传输,每个混合包中必须至少包含两个独立的 RTCP 包,各包具有以下格式。

　　(1) 加密前缀:混合包如果需要加密,前面必须有个 32 位加密前缀。

　　(2) SR 或 RR:混合包的第一个包必须为其中之一。

　　(3) 附加 RR:如果接收方数据中源的数目超过 31,就需要在正常的 RR 或 SR 后添加发送超出部分的信息。

　　(4) SDES:每个混合包中必须包含的包类型,除了 CNAME 项,可视带宽情况在 SDES 包中加入更多源的信息。

　　(5) BYE 或 APP:BYE 类型的 RTCP 包必须是 SSRC/CSRC 发送的最后一个包,APP 包为其他类型的 RTCP 包。

8.3　RTP 关键参数

8.3.1　时间戳

　　时间戳字段是 RTP 首部中说明数据包时间的同步信息,是数据能以正确的时间顺序恢复的关键。时间戳的值给出了分组中数据第一个字节的采样时间（sampling instant），要求发送方时间戳的时钟是连续单调增长的，即使在没有数据输入或发送数据时也是如此。在静默时，发送方不必发送数据，保持时间戳的增长，在接收端，接收到的数据分组的序号没有丢失，就知道没有发生数据丢失，而且只要比较前后分组的时间戳的差异，就可以确定输出的时间间隔。

RTP 规定一次会话的初始时间戳必须随机选择，但协议没有规定时间戳的单位，也没有规定该值的精确解释，而是由负载类型来确定时钟的颗粒，这样各种应用类型可以根据需要选择合适的输出计时精度。

在 RTP 传输音频数据时，一般选定逻辑时间戳速率与采样速率相同，但是在传输视频数据时，必须使时间戳速率大于每帧的一个时间间隔。如果数据是在同一时刻采样的，那么协议标准还允许多个分组具有相同的时间戳值，如多个分组属于同一画像。

RTCP 中的 SR 控制分组包含网络时间（NTP，是以 1900 年 1 月 1 日零时为起点的系统绝对时间）时间戳和 RTP 时间戳（封装数据时打上的时间戳与媒体帧上打上的时间戳不同）可用于同步音视频媒体流。其实现机制如下。

RTP 时间戳是依据邻近的 RTP 数据包中的时间戳结合 NTP 时间差得到的，用公式表示为

$$RTP\_ts_i = ts_i + NTP_i - NTP_i'$$

式中，RTP_ts_i 表示 RTCP 中的 RTP 时间戳；ts_i 表示邻近的 RTP 包中的时间戳；NTP_i 表示 RTCP 的网络时间戳；NTP_i' 表示邻近的 RTP 包对应的网络时间戳；下标表示第 i 个源。$RTP\_ts_j = ts_j + NTP_j - NTP_j'$ 表示第 j 个源的 RTP 时间戳；因此，源 i 和源 j 之间的相对时差可以表示为

$$(RTP\_ts_i - ts_i) - (RTP\_ts_j - ts_j) = (NTP_i - NTP_i') - (NTP_j - NTP_j')$$

由于 NTP 同步，因此差值可以反映出两个源的相对时差。因为要同步不同来源的媒体流，所以必须同步它们的绝对时间基准，而 NTP 时间戳正是这样的绝对时间基准。而对于同一来源的媒体流，应用 RTP 的时间戳来保证其同步。

8.3.2 时延

影响时延的因素很多，编解码、网络速率、防抖动缓冲、报文队列等都会影响时延，其中有些是固定的时延，如编解码、网络速率等；有些是变化的时延，如防抖动缓冲和队列调度等。固定的时延可以通过改变编解码方式和提高网络速率来改变，而变化的时延通常采用提高转发效率来处理。

假设 SSRC_r 为发出此接收报告块的接收者。源 SSRC_n 可以通过记录收到此接收报告块的时刻 A 来计算到 SSRC_r 的环路传输时延。可以利用最新的 SR

时间标识(LSR)计算整个环路时间 A 减去 LSR,然后减去此 DLSR 域得到环路传输的时延。尽管有些连接可能有非常不对称的时延,但是仍然可以用此来近似测量一组接收者的距离。

8.3.3　抖动

在视频电话中,语音、视频数据都是使用 UDP 传送的,但这种协议传输的数据包在网络层不能保证其发送顺序,需要应用层进行排序。在网络的传输中都会有延时,且随着网络负载的变化,延时的长短也不相同,对于语音数据,如果接收方收到后立即播放,那么很容易造成语音的抖动。

RTP 数据包到达时刻统计方差的估计值以时间标识为单位测量,用无符号整数表示。到达时刻抖动 J 定义为一对包中接收机相对发射机的时间跨度差值的平均偏差(平滑后的绝对值),该值等于两个包相对传输时间的差值。相对传输时间是指包的 RTP 时间标识和到达时刻接收机时钟的同一单位的差值。若 S_i 是包 i 的 RTP 时间戳,R_i 是包 i 以 RTP 时间戳为单位的到达时刻,对于两个包 i 和 j,相对传输时间的差值 D 可以表达为

$$D(i,j)=(R_j-R_i)-(S_j-S_i)=(R_j-S_j)-(R_i-S_i)$$

到达时刻抖动可以在收到从源 SSRC_n 传来的每个数据包 i 后连续计算,利用该包和前一包 $i-1$ 的偏差 D(按到达顺序,而非序号顺序),根据公式

$$J(i)=J(i-1)+(|D(i-1,i)|-J(i-1))/16$$

计算。无论何时发送接收报告,都用当前的 J 值。此处描述的抖动计算允许与协议独立的监视器对来自不同实现的报告进行有效的解释。

为了更好地解决抖动问题,最好能实现抖动缓存,这样有两方面的好处:①保证语音通道读取数据包的顺序正确;②控制接收方按照采集的时间顺序播放语音,减少语音的抖动。另外,提供 QoS 和资源预留使语音数据获得优先发送和获得固定的带宽也是解决抖动问题的主要手段。

8.3.4　丢包率

丢包率是通过计算接收包数量和发送包数量的比例得到的,丢包率获得的整个流程是:发送方每间隔一定时间读取每个发送通道的发包数量和数据长度,组成一个此通道的 RTCP 报文发送给接收方,同时将发送数据包计数清零;接收方收到 RTCP 包后,读取接收通道接收到的包数量,并计算出丢包率,通过一个 RTCP 接收汇报包发送给发送方,同时对接收数据包计数清零。

自前一 SR 包或 RR 包发送以来,从 SSRC_n 传来的 RTP 数据包的丢失比例以定点小数的形式表示,该值定义为损失包数除以期望接收的包数。若由于包重复而导致包丢失数为负值,则将丢包率设为零。注意在收到上一个包后,接收者

无法知道以后的包是否丢失,如在上一个接收报告间隔内从某个源发出的所有数据包都丢失,那么将不为此数据源发送接收报告块。

8.3.5　会话和流两级分用

一个 RTP 会话(session)包括传给某个指定目的地对(destination pair)的所有通信量,发送方可能包括多个。而从同一个同步源发出的 RTP 分组序列称为流(stream),一个 RTP 会话可能包含多个 RTP 流。一个 RTP 分组在服务器端发送出去时总是要指定属于哪个会话和流,在接收时也需要进行两级分用,即会话分用和流分用。只有当 RTP 使用 SSRC 和分组类型(PTYPE)把同一个流中的分组组合起来,才能够使用序列号和时间戳对分组进行排序和正确回放。

8.3.6　多种流同步控制

RTCP 的一个关键作用就是能让接收方同步多个 RTP 流,如当音频与视频一起传输时,由于编码的不同,RTP 使用两个流分别进行传输,这样两个流的时间戳以不同的速率运行,接收方必须同步两个流,以保证声音与影像的一致。为能进行流同步,RTCP 要求发送方给每个流传送一个唯一的标识数据源的规范名(canonical name),尽管由一个数据源发出的不同的流具有不同的同步源标识,但具有相同的规范名,这样接收方就知道哪些流是有关联的。而发送方报告报文所包含的信息可被接收方用于协调两个流中的时间戳值。发送方报告中含有一个以网络时间协议格式表示的绝对时间值,接着 RTCP 报告中给出一个 RTP 时间戳值,产生该值的时钟就是产生 RTP 分组中的时间戳字段的那个时钟。由于发送方发出的所有流和发送方报告都使用同一个绝对时钟,因此接收方就可以比较来自同一数据源的两个流的绝对时间,从而确定如何将一个流中的时间戳值映射为另一个流中的时间戳值。

8.4　RTCP 关键技术

RTCP 向会议中所有成员周期性地发送控制包,它使用与数据包相同的传输机制[2]。RTCP 提供以下四个功能。

(1)最重要的功能是对传输质量的反馈。作为 RTP 的主要功能,该功能与其他协议的流量和拥塞控制紧密相关。自适应编码需要反馈的信息来决定使用哪种编码,并且通过 IP 组播实验也不难发现接收端诊断传输故障也需要反馈的信息。“观察员”可以利用这些反馈信息来评估局部的或者全局的某些问题。某些没有加入会议的网络业务观察员可以利用类似于多点广播的传输机制来接收反馈信息,并且作为第三方监视员来诊断网络故障,反馈功能通过 RTCP 发送和接收双方报告实现。

（2）RTCP 为每个 RTP 源传输一个固定的识别符，称为规范名（CNAME）。接收者使用 CNAME 来分辨每个成员，其原因在于无论冲突发生时还是程序重启时 SSRC 都可能被重置。CNAME 还被接收者用来绑定 RTP 会话中同一成员的多个数据流，如图像和同步语音。

（3）根据前两个功能的要求不难发现，所有成员都必须发送 RTCP 包，所以必须控制速率，以使 RTP 成员数可以逐级增长。各个成员可以通过向所有成员发送控制包来独立地观察会议中成员的数目，并且将该数目用于估计发送速率。

（4）最后一个功能不是必需的，可以在传输最少的控制信息时使用。在“松散控制”的会议中可以使用某些功能，如在用户接口中显示成员，在这种会议里，成员可以自由加入或退出会议，而不必经过资格控制和参数协商。RTCP 必须能够支持应用所需的所有控制信息通信。

前 3 个功能是强制性的，无论在 RTP 用于 IP 多点广播时，还是用于其他所有情况时。对于只能用于单向广播而不能扩充到多用户的方法并不建议 RTP 应用开发商使用。

8.4.1　RTCP 包的发送和接收规则

如何发送 RTCP 包，接收到 RTCP 包后该干什么都有相应的规则。为执行规则，一个会话参与者应维持下列变量。

tp：RTCP 包发送的最后时间。

tc：当前时间。

tn：估计的下一个 RTCP 包要发送的时间。

pmembers：tn 被重新计算时的会话成员的人数。

members：会话成员人数的当前估计。

senders：会话成员中发送者人数的估计。

rtcp_bw：目标 RTCP 带宽。例如，用于会话中所有成员的 RTCP 带宽，单位为 bit/s。这将是程序开始时，指定给“会话带宽”参数的一部分。

we_sent：自当前 RTCP 包发送之后，应用程序又发送了数据，则此项为 true。

avg_rtcp_size：此参与者收到的和发送的 RTCP 复合包的平均大小，单位为位，此大小包括底层传输层和网络层协议头。

initial：如果应用程序还未发送 RTCP 包，则标记为 true。

许多规则都用到了 RTCP 包传输的“传输时间间隔”，此时间间隔将在随后描述。

1）初始化

一旦要加入会话，参与者首先初始化各状态参量为 tp＝0；tc＝0；senders＝0；

pmembers＝1;members＝1;we_sent＝false;rtcp_bw 由会话带宽参数的相应部分
得到;initial＝true;avg_rtcp_size 被初始化为应用程序稍后将发送的 RTCP 包的
可能大小;tn＝T,一个计时器将经 T 时间后被唤醒,应用程序可以用任何它需要
的方式实现计时器。

初始化变量之后,参与者把自己的 SSRC 加到成员列表中。

2) 计算 RTCP 传输时间间隔

一个会话参与者包的平均发送时间间隔应当和所在会话组中人数成正比,这
个时间间隔称为计算时间间隔,它由上面提到的各个状态参量结合起来计算得
出。时间间隔 T 的计算步骤如下。

(1) 如果发送者人数≤会话总人数×25%,则 T 取决于此参与者是否是发送
者(we_sent 的值),否则发送者和接收者将统一处理,如图 8.8 所示。

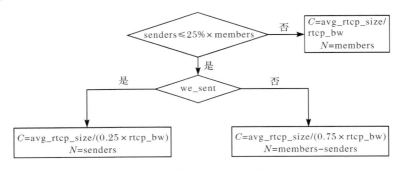

图 8.8　参数 N 和 C 的确定

RTP 描述文件可能用两个独立的参数(S,R)确定发送者与非发送者。此时,
25% 和 75% 只要相应地换成 S/(S+R) 和 R/(S+R) 即可,注意 R＝0 的情况。

(2) 如果 initial 为 true(未发送过 RTCP 包),则设 T_{min}＝2.5s,否则设 T_{min}
＝5s。

(3) 决定性的计算时间间隔 T_d＝max(T_{min},N×C)。

(4) T＝T_d·λ,其中 λ 服从 0.5～1.5 的均匀分布。

(5) T＝T/(e−0.5)≈T/1.21828,补偿时间重估算法,使之收敛到比计算出
的平均 RTCP 带宽小的一个值。

这种算法产生了一个随机的计算时间间隔,并把至少25%的 RTCP 带宽分配
给发送者,其余的分给接收者。当发送者超过会话总人数的25%时,此算法将把
带宽平均分给所有的参与者。

3) 接收到的 RTP 包或一个非 BYE 的 RTCP 包

当收到一个参与者的 RTP 或 RTCP 包时,若其 SSRC 不在成员列表中,则将
其 SSRC 加入列表;若此参与者被确认有效,则把列表中成员的值更新。对每个

有效的 RTP 包中的 CSRC 执行相同的过程。当收到一个 RTCP BYE 包时,扫描成员列表,若 SSRC 存在,则先移除之,并更新成员的值。

另外,为使 RTCP 包的发送速率与组中人数变化更加协调,当收到一个 BYE 包使得 members 迭代 pmembers 时,应当执行下面的逆向重估算法。

(1) tn 的更新:tn=tc+(members/pmembers)×(tn-tc)。

(2) tp 的更新:tp=tc-(members/pmembers)×(tc-tp);下一个 RTCP 包将在时刻 tn 被发送,比更新前更早一些。

(3) pmembers 的更新:pmembers=members。

这种算法并没有避免组的大小被错误地在短时间内估计为 0 的情况,例如,在一个人数较多的会话中,多数参与者几乎同时离开而少数几个参与者没有离开的情况。这个算法并没有使估计迅速返回正确的值,原因是这种情况较为罕见,且影响不大。

4) SSRC 超时

在随机的时间间隔中,一个参与者必须检测其他参与者是否已经超时。为此,对接收者(we_sent 为 false),要计算决定性时间间隔 T_d,如果从时刻 $T_c-M×T_d$(M 为超时因子,默认为 5s)开始,未发送过 RTP 或 RTCP 包,则超时。其 SSRC 将被从列表中移除,成员被更新。在发送者列表中也要进行类似的检测,发送者列表中,任何在时间 tc-2T(在最后两个 RTCP 报告时间间隔)内未发送 RTP 包的发送者,其 SSRC 从发送者列表中移除,列表更新。如果有成员超时,那么执行上述的逆向检测算法。每个参与者在一个 RTCP 包发送时间间隔内至少要进行一次这样的检测。

5) 发送时钟到时

当包传输的发送时钟到时,参与者执行下列操作。

(1) 计算 RTCP 传输时间间隔 T。

(2) 更新发送时钟的定时时间,判断是否发送 RTCP 包,更新 pmembers,如图 8.9 所示。

6) 发送 BYE 包

当一个参与者离开会话时,应发送 BYE 包通知其他参与者。为避免大量参与者同时离开系统时发送大量 BYE 包,参与者在要离开系统时应执行下面的算法,这个算法实际上"篡夺"了一般可变成员的角色来统计 BYE 包。

(1) tp=tc;members=1;pmembers=1;initial=1;we_sent=false;senders=0;rtcp_size 设置为将要发送的 RTCP 包大小;计算传输时间间隔 T;tn=tc+T;(BYE 包预计在时刻 tn 被发送)。

(2) 每当从另外一个参与者接收到 BYE 包时,成员人数加 1,不管此成员是否存在于成员列表中,也不管 SSRC 采样何时使用及 BYE 包的 SSRC 是否包含在

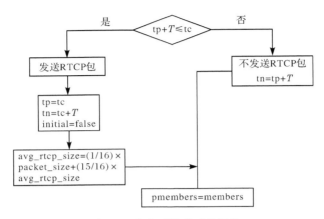

图 8.9 发送时钟到时的操作

采样之中。如果收到 RTP 包或 RTCP 包(除 BYE 包之外的 RTCP 包),那么成员人数不增加。类似,只有在收到 BYE 包时,avg_rtcp_size 才更新。当 RTP 包到达时,发送者人数 senders 不更新,保持为 0。

(3) 在此基础上,BYE 包的传输服从上面规定的一般 RTCP 包的传输。

这允许 BYE 包被立即发送,并控制总的带宽使用。在最坏情况下,这可能使 RTCP 控制包使用正常水平带宽的两倍,达到 10%,其中 5% 给 BYE 包。一个参与者若不想用上面的机制进行 RTCP 包的发送,则可以直接离开会话,而根本不发送 BYE 包,该使用者会被其他参与者因超时而删除。一个参与者想离开会话时,如果组中的人数统计数目小于 50,则参与者可以直接发送 BYE 包。

另外,一个从未发送过 RTP 或 RTCP 包的参与者在离开会话时,不能发送 BYE 包。

7) 更新 we_sent 变量

如果一个参与者最近发送过 RTP 包,则变量 we_sent 值为 true,否则为 false。使用相同的机制可以管理发送者中的其他参与者。如果参与者发送了 RTP 包,而此时其对应的 we_sent 变量值为 false,就把它自己加到发送者列表中,并设置其 we_sent 变量为 true,逆向重估算法(reverse reconsideration algorithm)应当被执行,以减少发送 SR 包前的延迟。每次发送一个 RTP 包,其相应的传输时间都会记录在表中。一般发送者的超时算法应用到参与者自身:从 tc−2T 时开始,一直没有发送 RTP 包,则此参与者就从发送者列表中将其自身移除,减少发送者总数,并设置 we_sent 变量值为 false。

8) 源描述带宽的分配

这里定义了几种源描述项,强制性的规范名(CNAME)除外,如个人姓名(NAME)和电子邮件地址(EMAIL),也提供了方法来定义新的 RTCP 包类型。

应用程序在给这些额外信息分配带宽时应额外小心,因为这会降低接收报告及CNAME 的发送速率,可能破坏协议发挥作用。建议分配给一个参与者用于传输这些额外信息的带宽不超过总的 RTCP 带宽的 20%。另外,并非所有的源描述项都将包含进每一个应用程序中,包含进应用程序的源描述项应根据其用途分配给相应的带宽百分比。建议不要动态统计这些百分比,而应根据一个源描述项的典型长度将所占带宽的百分比转化为报告间隔。

例如,一个应用程序可能仅发送 CNAME、NAME 和 EMAIL,而不需要其他项。NAME 可能比 EMAIL 具有更高的优先级。因为 NAME 可能在应用程序的用户界面上持续显示,但 EMAIL 可能只在需要时才会显示。在每一个 RTCP 时间间隔内,一个包含 CNAME 项的 SDES 包和一个 RR 包将会被发送。最小的会话时间间隔平均为 5s,每经过 3 个时间间隔(15s),一个额外的源描述项将会包含进这个 SDES 包中,7/8 的时间是 NAME 项,每经过 8 个这样的间隔(15s×8＝2min)将会是 EMAIL 项。

当多个会话考虑使用一个通用的规范名为每个参与者进行绑定时,如在一个RTP 会话组成的多媒体会议中,额外的 SDES 信息可能只在一次 RTP 会话中被发送,其余的会话将只发送 CNAME。特别指出,这个办法也应该用在分层编码的多个会话中。

8.4.2　RTCP 传输时间间隔

RTP 会话的规模允许应用自动适应:从几个到几千个参与者的会话。假定在每个会话中数据传输都受到一个上限(会话带宽)的限制,所有参与者将会分配到会话带宽,这个带宽会被保留并且由网络所限制。在没有保留的情况下,其他约束条件将会基于环境确定合理的最大带宽供会话使用,这就是会话带宽。会话带宽在一定程度上独立于媒体编码,而媒体编码依赖于会话带宽。在涉及多媒体应用时,最好由会话控制应用来提供会话带宽参数。但是媒体应用可能根据单个发送者选择的编码方式的数据带宽计算出并且设置一个默认的参数,会话管理可能根据多播范围的规则或者其他标准确定带宽限制。参与者应该使用相同的会话带宽值,以便可以计算出相同的 RTCP 间隔。

传输协议主要是为了传输数据而制定,所以传输控制部分的带宽应该只是会话带宽的一小部分,这部分带宽和总带宽的比值应是已知的(控制传输带宽可以放进带宽描述中提供给资源预留协议,每个参与者均可以算出自己所占有的带宽份额)。传输控制带宽是会话带宽额外的一部分,建议 RTCP 控制传输带宽为RTCP 会话带宽的 5%。当中的 1/4 应该属于发送者,而当发送者的比例超过所有参与者的 1/4 时,相应的 RTCP 控制带宽应该增加。所有的参与者应该使用相同的参数来计算出相同的发送时间间隔,这些参数可以在某个描述文件中得到确认。

为了避免少量参与者发送大量的 RTCP 包,RTCP 复合包的发送时间间隔必须有一个下限,这样即使网络断开,发送间隔也不会太小。为了从其他参与者接收到 RTCP 复合包,一个延迟应该加到第一个 RTCP 复合包发送之前,发送时间间隔也能更快地收敛到正确的值。这个延迟可以是最小时间间隔的一半,建议固定时间间隔为 5s。为了使 RTCP 最小发送时间间隔与会话带宽参数成比例,应该满足下列约束条件。

(1)对于多播会话而言,利用减小的最小化的值来计算 RTCP 复合包的发送时间间隔只应该被活动的数据发送者使用。

(2)对于单播会话而言,不是活动的数据发送者也可能使用减小的值,发送初始 RTCP 复合包之前的延迟可能是 0。

(3)对于所有会话而言,这个固定最小值会在计算参与者的离开时间被用到。因此,不使用减小的值进行 RTCP 包的发送,就不会被其他参与者提前宣布超时。

(4)减小的最小时间间隔建议为 360/sb,其中 sb 是会话带宽(KB/s)。当 sb>72Kbit/s时,最小时间间隔将小于 5s。

8.4.1 节所描述的算法将实现本节列出的目标。

(1)计算出的 RTCP 包的时间间隔将正比于组中参与者的人数(随着参与者的增加,发送时间间隔将增加,每个参与者的 RTCP 带宽将减小)。

(2)RTCP 包的(真实)时间间隔是随机的,是计算出的时间间隔的 0.5~1.5 倍,作用是防止所有的参与者意外同步。

(3)RTCP 复合包(包括所有发送的包和接收的包)的平均大小将会被动态估计,用来自适应携带的控制信息数量的变化。

(4)由于组中的人数将决定计算出的时间间隔,意外的初始化效应将发生在一个用户加入已经存在的会话或者大量用户加入新的会话的情况下。开始时,新用户将会错误地估计组中的人数,所以 RTCP 包的发送时间间隔会比较短。而在大量用户同时加入一个会话时,这个问题尤为显著,一种叫做“时间重估”的算法被用来处理这种问题,该算法在组中人数增加时,可以让用户支持 RTCP 包的传输。

当用户通过发送 BYE 包或是超时而离开会话时,组中的人数将减少,计算出的时间间隔也应该减小。因此,应该使用逆向重估算法,使得组中的成员对人数的减少更快地作出响应,也更快地减少它们的时间间隔[3]。

在所有参与者都允许 RTCP 包的情况下该算法才适用,这种情况下

会话带宽＝会话中参与者的总人数×每个参与者的带宽

BYE 包的发送使用“放弃支持”算法来避免大量的 BYE 包的发送,使大量参与者同时离开会话。

8.4.3　维持会话成员的人数

当侦听到新的站点时,应当把它们加入计数。每一个登录都应在表中创建一条记录,并以 SSRC 或 CSRC 进行索引。新的登录直到接收到含有 SSRC 的包或含有与此 SSRC 相联系的规范名的 SDES 包时才被视为有效。当一个与 SSRC 相对应的 RTCP BYE 包收到时,登录会被从表中删除。除非一个"掉队"的数据包到达,使登录重新创建。

在几个 RTCP 报告时间间隔内没有收到 RTP 或 RTCP 包时,一个参与者可能标记另外一个站点静止,并删除它,这是针对丢包提供的一个很强健的机制。所有站点对这个超时时间间隔乘子应大体相同,以使这种超时机制正常工作,因此这个乘子应在特别的描述文件中确定。

对于一个有大量参与者的会话,维持并存储一个有所有参与者的 SSRC 及各项信息的表几乎是不可能的。因此,可以只存储 SSRC,其他算法类似。关键的问题就是,任何算法都不应当低估组的规模,虽然它可能被高估。

8.4.4　分析发送者和接收者报告

接收质量反馈不仅对发送者有用,而且对于其他接收者和第三方监视器也有作用。发送者可以基于反馈修正发送信息量;接收者可以判断问题是本地的、区域内的还是全局的;网络管理者可以利用与协议无关的监视器(只接收 RTCP 包而不接收相应的 RTP 包)评估多点传送网络的性能。

在发送者信息和接收者报告块中都连续统计丢包数,因此可以计算任何两个报告块中的差别,在短时间和长时间内都可以进行测算。最近收到的两个包之间的差值可以评估当前传输质量,包中有 NTP 时间戳,可以用两个报告间隔的差值计算传输速率。由于此时间间隔与数据编码速率独立,所以可以实现与编码及协议独立的质量监视。

一个例子是计算两个报告间隔时间内的丢包率。丢包率＝此间隔内丢失的包/此间隔内期望收到的包。如果此值与"丢失比例"字段中的值相同,则说明包是连续的,否则说明包不是连续的。间隔时间内的丢包率/间隔时间＝每秒的丢包率。

从发送者信息中,第三方监视器可以在一个时间间隔内计算平均负载数据发送速率和平均发包速率,而无需考虑数据接收。两个值的比值就是平均负载大小(平均每个包的负载大小,平均负载大小＝平均负载数据发送速率/平均发包率)。若能假定丢包与包的大小无关,那么某个特定接收者收到的包数乘以平均负载大小(或相应的包大小)就可以得出接收者可得到的外在吞吐量。

除了累计计数允许利用报告间差值进行长期包损测量外,单个报告的"丢包比例"字段提供了一个短时测量数据。当会话规模增加到无法为所有接收者保存接收状态信息,或者报告间隔变得足够长,以至于从一个特定接收者只能收到一个报告时,短时测量数据变得更重要。

丢包反映了长期阻塞,抖动测量反映了短时间的阻塞。到达间隔抖动字段提供了另一个有关网络阻塞的短时测量量。抖动测量可以在导致丢包前预示阻塞。由于到达间隔抖动字段只是发送报告时刻抖动的一个快照,所以需要在一个网络内在一段时间内分析来自某个接收者的报告,或者分析来自多个接收者的报告。

8.5　安　全　性

RTP 应用要求的所有安全服务(如真实性、完整性、保密性等)将由底层协议来提供。下面针对在使用 RTP 的初始音频和视频应用在 IP 层可用之前就要求的保密性服务的问题,详细地描述了使用 RTP 和 RTCP 的保密性服务。新的RTP 应用既可以实现代替这里的安全服务,也可以实现这里描述的 RTP 保密性服务。无论使用某种服务来代替这项服务还是直接使用这种安全服务的代价都是比较小的。

将来可能会定义 RTP 的其他服务、服务的其他实现以及其他算法。为了使RTP 头部不被加密,一种为 RTP 负载提供可靠性的安全实时传输协议(secure real-time transport protocol,SRTP)应该引起注意,这样就可以继续使用数据链路层的头部压缩算法。SRTP[4]是一种能比这里描述的服务提供更强健的安全性的基于高级企业标准 AES(advanced encryption standard)制定的一种服务。

1) 保密性

由于包的保密性所致,其他人接收到后只能看到无用的信息,只有特定的接收者才能够对接收到的包进行解码,内容通过加密来实现包的保密性。当对RTP、RTCP 加密时,在底层的包中对于传输而封装的所有字节将被当做一个单元加密。

在每个单元加密前附加一个 32B 的随机数来对 RTCP 加密。而在 RTP 中使用序列号和时间戳字段来进行随机偏移量初始化,而不必在前面加前缀,但是该方法的随机性太差。该初始化向量(initialization vector,IV)较弱。如果攻击者得到了 SSRC 字段,那么该加密算法将出现新的薄弱点。

一个 RTCP 复合包中的一个 RTCP 包可能被应用程序分割成两个 RTCP 复合包,其中一个在发送时被加密,而另外一个则不加密。例如,为了适用于没有密钥的第三方监视者,SDES 信息可能被加密,但是接收者报告却不加密。为了满足所有 RTCP 复合包必须以 SR 或 RR 包开头的要求,源描述信息后必须附加没有报告的空 RR 包。SDES 的 CNAME 字段包含在加密或者未加密的包中之一,而不必全都包含。为了使加密算法安全,不应该在两个包中携带相同的源描述信息。

通过头或负载的有效性检查来对接收者加密的使用和正确密钥的使用进行确认。

根据 RFC 1889 中对 RTP 初始描述的实现，默认使用链式加密块模式（cipher block chaining（CBC）mode）下的数据加密算法。因为随机值由 RTCP 复合包或 RTP 头的随机前缀提供，所以初始的随机向量应该是 0。本节加密算法的实现也应该支持 CBC 下的 DES 算法，因为该算法的交互可操作性可以被最大限度地实现。之所以采用这种方法，是因为它简单有效。但是 DES 很容易被破解，建议采用如三层 DES 加密算法等更强健的加密算法[5]。此外，安全 CBC 模式要求每个包的第一个块和一个随机数求异或。在 RTCP 中可以通过在每个包前附加一个 32 位随机数来实现。而对于 RTP，时间戳和序列号将从附加的数值开始，但是在连续的包中，它们的随机化并不是独立的。无论对于 RTP 还是 RTCP，这种随机性是受到限制的。应该使用其他更加简洁安全的方法来应用于高安全性的应用。通过非 RTP 方法对一个会话动态指定其他加密算法，基于 AES 的 SRTP 描述文件将是未来一个不错的选择。

上述对 IP 层或 RTP 层加密作了描述。用于加密、编码的负载类型可以被描述文件另外定义。这些编码必须描述如何填充，以及编码的其他方面如何控制。根据应用的要求，可以只加密数据，不加密头部，这可能对同时处理解密和解码的硬件服务特别重要，也可能对 RTP 和底层头部的数据链路层应用起很大的作用。既然头部加密已经压缩，那么负载的保密性就足够了。

2）真实性和信息完整性

在 RTP 层中并没有定义的真实性和信息完整性，因为这些服务和密钥管理体系密不可分，可以由底层协议来保证真实性和信息完整性。

8.6　拥　塞　控　制

互联网上的所有传输协议都需要通过一些方法进行地址拥塞控制，RTP 也不例外。但由于 RTP 数据传输经常缺少弹性（以固定的或控制好的速率产生包），所以 RTP 的拥塞控制方法和其他传输协议（如 TCP）很不相同。在某种程度上，缺乏弹性意味着降低了拥塞的风险，因为 RTP 流不会像 TCP 流那样增长到消耗掉所有可用的带宽程度。同时，缺乏弹性也意味着 RTP 流不能任意减小它在网络上的负载量，以在出现拥塞时进行消除。

由于 RTP 可能在许多不同的情况下采用，没有一个全都通用的拥塞控制机制，所以拥塞控制应当在描述文件中定义。对于某些描述，可能加上可应用性陈述以限制描述应用在已设计消除拥塞的环境中。对于其他描述，可能需要特别的方法,如基于 RTCP 反馈的自适应数据传输速率。

8.7　本 章 小 结

　　本章首先解释了专用术语,然后对 RTP 协议包封装格式作了详细说明,指出各个域的作用及 WVphone 通信中使用的关键字段。然后进一步分析了 RTP 关键参数以及控制管理原理。针对用户数据的安全性还专门讨论了 RTP 与 RTCP 的安全性,针对用户体验讨论了 RTP 的拥塞控制。对多媒体数据传输技术作了详细的介绍,使用多媒体数据传输技术来保证音视频传输的实时性,为保证良好的用户体验提供了重要的保障。需要进一步说明的是,对于不同硬件方案实现的 WVphone 硬件终端,采用 RTP 开发健壮传输的视频电话,其开发过程需要开发人员反复调试,才能达到理想的效果。本章对 WVphone 视频传输的相关技术的介绍供读者参考。

参 考 文 献

[1] RFC 3550 Real-time Transport Protocol,2003.

[2] Schulzrinne H,Casner S,Frederick R,et al. RTP:A Transport Protocol for Real-Time Applications(RFC 1889). IETF,1996.

[3] Perkin C. RTP:Audio and Video for the Internet. Addison-Wesley,2003.

[4] 宋震,等. 密码学. 北京:中国水利水电出版社,2002.

[5] 冯登国,吴文玲. 分组密码的设计与分析. 北京:清华大学出版社,2000.

第9章 WVphone 硬件芯片模组

WVphone 系统必须由计算机技术支撑才能正常工作，WVphone 系统的计算机硬件和软件采用嵌入式系统技术实现。根据 IEEE 定义，嵌入式系统是用来控制或者监视机器、装置、工厂等大规模设备的系统。嵌入式系统以应用为中心，以计算机技术为基础，软硬件可裁剪，对系统的功能、可靠性、成本、体积、功耗有严格要求。本 WVphone 嵌入式系统是一种以 WLAN 为基础，专门用于视频处理、传输，进而实现可视电话功能的计算机系统。

其中，WVphone 的硬件芯片应该提供充足的内部资源和外部扩充接口，为系统的兼容、以后的扩展和升级提供保障。硬件资源的选择需要考虑的因素很多，除了技术上的因素，成本和芯片货源的因素也会影响 WVphone 硬件系统是否成功。

本章结合 WVphone 系统的整体要求特点，搭配选择合适的芯片模组，构成 WVphone 的硬件。本书所选的芯片基于开发者团队的平台与熟练程度，如果读者有自己认为合适的芯片，可以参考本章的设计设计自己的硬件系统。本书以 i. MX27 作为核心处理器，对 i. MX27 的功能和特点，以及系统中比较重要的网络芯片模组、音频芯片模组和输入/输出芯片模组进行介绍，供读者参考。

9.1 处理器的选择与特性概述

本节以 i. MX27 作为核心处理器，相关资料信息来自制造商或网络。

飞思卡尔产品是 MP4 方案中率先支持 RMVB 格式的视频解码方案。将视频编解码功能嵌入多媒体应用处理器中已经成为一个趋势。飞思卡尔半导体 DragonBall 家族的最新成员 i. MX27 多媒体应用处理器，片内集成 H. 264/MPEG4 全双工硬件编解码视频处理单元，是嵌入式多媒体应用处理器的一颗新星，可广泛应用于视频监控、网络摄像机、数字录像机、网络广告机、V2IP 可视电话、IPTV 机顶盒、智能手机、便携式多媒体播放器、移动电视等产品[1]。

MX27 处理器以 MX21 为基础进行设计，基于 ARM926EJ-S。处理器内部的硬件编解码模块性能强劲，可以达到 H. 264/MPEG4 编解码 D1 分辨率 720×576@25 帧/s 和 720×480@30 帧/s；全双工编解码同时进行可以达到 VGA 分辨率 640×480@30 帧/s，在目前的嵌入式 ARM 处理器中鲜有敌手。MX27 可以同时进行 H. 264 VGA、30 帧/s 的编码和 MPEG4 VGA、30 帧/s 的解码;也能同时进行 MPEG4 VGA、30 帧/s 编码和 H. 264 VGA、30 帧/s 解码。MX27 支持多方网络视频会议和多种视频格式编解码:H. 264/AVC baseline profile encoding/decoding,MPEG4 part-II simple profile encoding/decoding,H. 263 P3 encoding/decoding。多方会议:最多可同时处理 4 路图像/位流的编解码。全双工多格式支持:在进行 MPEG4 编码的同时可以进行 H. 264 的解码,支持码率控制,支持 CBR 和 VBR。

和某些含视频编解码功能的嵌入式处理器相比,MX27 的硬件编解码是通过 CPU 内部 ASIC 实现的,而不是通过集成 ARM 和 DSP 的双核 SOC 实现。因此,MX27 的功耗更低,系统整体性能更强。

MX27 处理器还带有 eMMA 多媒体加速器模块,包括 prp 预处理和 pp 后处理两部分,用来进行图像的缩放、旋转、镜像、YUV/RGB 数据转换等。

MX27 处理器主频是 400MHz,CPU 内部集成了安全加密算法硬件加速器、支持 DDR 内存、90nm 生产工艺、动态电源管理技术等,使得基于 MX27 的解决方案极具竞争力。MX27 还带有高速 USB OTG、高速 USB HOST、快速以太网控制器、SD/SDIO、ATA 硬盘控制器等接口。

飞思卡尔公司最新的多媒体处理器 i. MX27 具有如下特点。

(1) 特有的视频 CODEC 为内置 H. 264 硬件编解码(全双工),不占用 CPU 资源。MPEG4 硬件编解码(全双工)支持的分辨率为 D1(720×480@30 帧/s、720×576@25 帧/s)VGA(640×480@30 帧/s)。

(2) 强大的图像处理能力:i. MX27 集成了一个增强型低功耗的多媒体硬件加速器(eMMA),可以处理视频的前预处理和后处理以及类似去环状块(dering)、色彩空间转换、放大和图像的平行缩放等。

(3) 最优化的网络传输控制:快速以太网控制(fast Ethernet controller,FEC)芯片内置 MAC 层,支持 10M/100M 自适应以太网接口。

(4) 强大的电源管理系统:i. MX27 采用飞思卡尔公司的 Smart Speed 增强技术,能够最大限度地提高有效周期/指令(eCPI),为低功耗性能比的移动娱乐解决方案建立新的基准。eCPI 越低,应用对 CPU 和电池的要求也就越低。这就使消费者能够连续数小时享受流式视频和互动 3D 游戏等移动多媒体娱乐,而不需要备用电源,也无需为功耗担忧。

(5) 丰富的外设接口:i. MX27 支持非常多的外设接口,以满足客户不同的需求,可以实现许多功能的扩展应用[2]。

9.2　处理器 i. MX27 硬件特性

电源输入接口：5V 外部直流电源输入。

CPU：i. MX27（芯片代号：Bono），ARM926EJ-S 内核，工作频率为 400MHz。

SDRAM：DDR SDRAM 128MB，32bit，2PCS×64MB。

NOR Flash：32MB，16bit。

NAND Flash：1 片 8 位 NAND Flash，64MB，支持 128MB/256MB/512MB。

UART：两个 5 线制 UART 接口（UART1 和 UART3）。

红外接口：UART2。

USB 接口：①USB OTG（USB 2.0 高速接口）；②USB HOST（两个 USB 2.0 Host 接口，其中一个是高速接口，一个是全速接口）。

Ethernet：快速以太网控制器，i. MX27 内置 MAC，支持 10M/100M 自适应以太网接口；外置 DM9000 以太网芯片，支持 10M/100M 自适应以太网接口。

ATA：MX27 片内 ATA 控制器，可接 IDE 硬盘或者光驱。

SD：两个 SD 卡主控制器；最大支持 4Gbit。

PCMCIA：CF 卡座。

LCD 接口：可以接各类 TFT LCD，最大支持 $800×600$ 24bit/pixel。

Audio：Wolfson WM9712 audio codec，带触摸屏控制功能，HeadPhone Out/Mic in/Line in。

H. 264：i. MX27 内置硬件编解码模块，支持 D1 30 帧/s，H. 264 全双工，即可同时进行编码和解码（H. 264/AVC baseline profile encoding/decoding）。

MPEG4：i. MX27 内置硬件编解码模块，VGA 30 帧/s，MPEG4 Part-Ⅱ简单轮廓编解码（simple profile encoding/decoding），H. 263 P3 编解码（MPEG4 全双工）。

Keypad：支持 $8×8$ 矩阵键盘。

Camera：支持外接 CMOS 传感器和 CCIR656 视频源，最大可支持 400 万像素分辨率。

其他预留外部接口：2 路 CSPI；3 路 SSI；1 路 PWM 输出；1 路 I^2C；4. 0 Mbit/s IrDA 收发器接口（HSDL-3220-001）[3]。

9.3　多媒体应用处理器的比较

下面对市面上比较流行的一些多媒体应用处理器[4]作比较，如表 9.1 所示。

表 9.1　多媒体应用处理器对比

MCU	H.264 硬编码	H.264 硬解码	MPEG4 硬编码	MPEG4 硬解码
i.MX27	H.264/AVC baseline profile D1 720×576@25 帧/s 720×480@30 帧/s	D1 720×576@25 帧/s 720×480@30f/s 全双工 VGA@30 帧/s	MPEG4 part-Ⅱ simple profile, H.263 P3 D1 720×576@25 帧/s 720×480@30 帧/s	D1 720×576@25 帧/s 720×480@30 帧/s 全双工 VGA@30 帧/s
MX31	无	无	MPEG4 simple profile H.263 baseline VGA@30 帧/s	无
杰德 Z228	无	无	全双工 VGA 640×480@30 帧/s	VGA 640×480@30 帧/s
海思 Hi3510	H.264 baseline profile, 最大支持 D1 720×576@30 帧/s	CIF 352×288@30 帧/s,同时编解码可以达到 CIF@30 帧/s	无	无
海思 Hi3560	无	D1 720×576@30 帧/s	无	MPEG2 MP@ML, D1 MPEG4 ASP@L5, D1 Divx3.11/4/5/6,D1
安凯 AK3223M	无	无	MPEG4/H.263 编码 QVGA@30 帧/s, 支持 CIF	MPEG4/H.263 解码 Qvga@30 帧/s, 支持 CIF
Sigma Designs 8623/8634	无	H.264/VC1 高清 1920×1080@60 帧/s	无	MPEG4/H.263 编码 QVGA@30 帧/s, 支持 CIF
三星 S3C24A0	无	无	MPEG4/H.263 编码 支持 CIF@30 帧/s	MPEG4/H.263 解码 支持 CIF@30 帧/s
MagicEyes MP2530F	H.264 baselineprofile, 480×272@30 帧/s	最大支持 WQVGA 480×272@30 帧/s	MPEG2 SP@ML (no B Frame) MPEG4 SP 720×480@30 帧/s	MPEG2 MP @ML 720×480@30 帧/s MPEG4 SP/ASP D1 720×480@30 帧/s
TI 达芬奇 TMS320 DM6446	ARM9＋DSP 双内核:①H.264 MP@L3,30 帧/sSD 解码;②VC1/WMV9 full D1 SD 解码;③MPEG2 MP@ML SD 解码;④MPEG4 ASP full D1 SD 解码;⑤H.264 BP D1 编码;⑥同时 H.264 BP CIF 编码。			

结合表 9.1 可以看出,i.MX27 的视频编解码综合性能是领先的。只有 Sigma Designs 8623/8634 处理器支持更高分辨率的高清 1920×1080P@60 帧/s 解码,但不支持编码,因为 Sigma Designs 的方案是针对特定的高清 DVD、高清机顶盒市场的,适用于不需要编码的高清播放市场。MX31 是飞思卡尔半导体较早推出

的 ARM11 处理器,只含硬件 MPEG4 编码单元,由于主频可达 533MHz 或者更高,故可通过软件实现 MPEG4/WMV9 的 VGA 解码、H. 264 half VGA 分辨率的解码,但是功耗相对较大。海思 Hi3560 和 Hi3510 处理器都是 ARM9＋DSP 双核架构,Hi3560 只有解码,没有编码,解码性能和 MX27 相当;Hi3510 主要是编码,解码仅支持 CIF 分辨率,编码支持 1 路 D1 或者 4 路 CIF 编码,编码性能和 i. MX27 相当[5]。TI 达芬奇方案也是通过 ARM9＋DSP 双核实现的,比较灵活,但价格较高。通过以上分析可知,i. MX27 多媒体处理器特别适合音视频处理,在性能、成本、封装和开发难度上均符合硬件设计的总体要求,故在 WVphone 终端中选择 i. MX27 作为主控芯片。

9.4　WVphone 芯片模组

各芯片构成了 WVphone 硬件系统的芯片模组。芯片模组至少要包含电源模组、内存模组、音频处理模组、视频处理模组、通信模组等。WVphone 芯片模组系统整体框架如图 9.1 所示,包括以下几部分。

(1) 时钟模组采用 32.768kHz 晶振,为处理器所有的功能部件提供时钟。

(2) 电源部分采用 MC13783 作为电源管理芯片,它提供 5 路开关电压和 18 路 LDO,满足了 i. MX27、Flash、内存、LCD、摄像头等多媒体应用模块供电和电池充电管理功能以及所需要的多个 LDO 和开关式电源。同时,MC13783 集成了音频功能,支持音频的实现。

(3) 音频部分由 MC13783、麦克风、放大器、扬声器、语音编解码器以及立体声数模转换器组成。

(4) 系统内存选用了 Qimonda 公司的 HYB18M1G320BF 内存,能满足应用的需求。DDR SDRAM 使用了 i. MX27 的 DDR 内存控制器,它为 DDR 提供了专门的数据线,但地址总线被内存总线上的其他设备共享。

(5) 经对比分析,Flash 采用容量更高、成本更低、寿命周期更长的 NAND Flash。

(6) LCD 接口连接 LCD 显示器,用于视频的显示,采用 LT1942 为显示器供电。

(7) CSI 用于读取 CMOS 摄像头采集的图像帧,IIC2 控制摄像头工作,实现视频的采集。

(8) 通信模块包括网络通信模块以及 RS232 串口通信模块。网络通信模块由以太网接口 FEC 外接以太网物理层芯片,完成音视频数据的网络传输。串口通信模块由 UART 接口通过 RS232 收发器连接 PC 宿主机,PC 宿主机通过超级终端控制着目标板上程序的运行。

(9) 外部存储器接口 SD1 为外接存储卡预留了接口,使得对于存储图片和 MP3 等文件需要更多的存储空间的情况,由外接存储卡接口来提供扩充存储容量

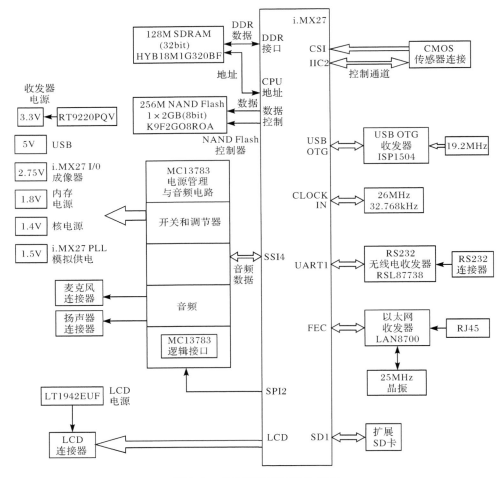

图 9.1　芯片模组系统整体框架

的功能。

(10) 本系统还支持 3 个独立的 USB 2.0 接口。

9.5　处理器外围电路分析与设计

9.5.1　处理器供电电源

i.MX27 采用多电源供电方式,如图 9.2 所示。i.MX27 主要使用了 1.8V、2.775V、2.8V 的数字电源和 1 个 V5 电源。其中,同一电压电源的不同等级输入保证了系统的稳定性。

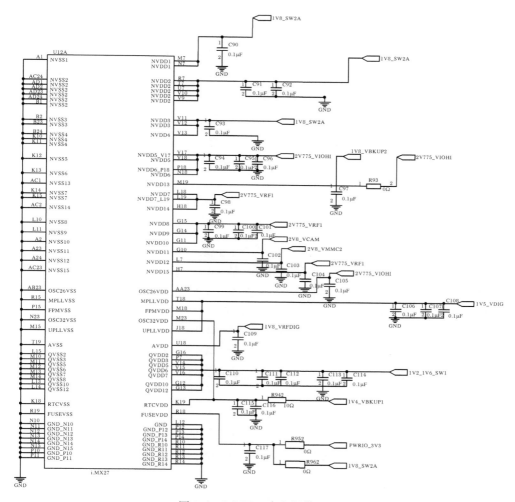

图 9.2　i. MX27 多电源供电图

9.5.2　处理器时钟电路

i. MX27 采用 32M 晶振和 26M 振荡器来提供处理器时钟,连接方式如图 9.3 所示。

9.5.3　存储模块设计

1) DDR SDRAM

DDR SDRAM 为系统提供尽可能大的系统数据吞吐量。在启动时序中,操作系统和程序从非易失性存储器复制到 RAM 中执行。要求 RAM 最小必须等于用

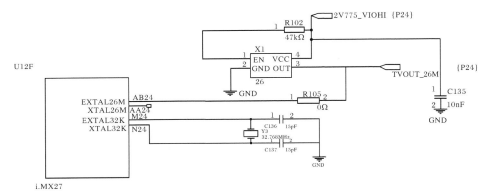

图 9.3　i. MX27 时钟电路图

于存储程序和内核的 Flash 大小。为了节省 PCB 空间，需要 32bit 的内存，这里选用 Qimonda 公司的 HYB18M1G320BF 内存，可满足应用的需求。

如图 9.4 所示，SD0～SD31 为 i. MX27 的 DDR 内存控制器提供的专有数据总线，A0～A12 为 i. MX27 提供的地址总线，与内存总线上的其他设备共享，SDBA0 和 SDBA1 为 BANK 地址输入，DQS0～DQS3 为数据闸门，DQM0～DQM3 为数据输入 MASK，SDCLK 和 SDCLK_B 为输入时钟，SDCKE0 为时钟使能，CSD0_B 为片选信号，SDWE_B、RAS_B 和 CAS_B 为命令输入。

HYB18M1G320BF 采用 1.8V 供电电源，通过图 9.4 中的 AA 和 BB 连接到芯片。

2）Flash

NOR Flash 和 NAND Flash 是现在市场上两种主要的非易失闪存技术。

NOR Flash 的特点是芯片内执行（execute in place，XIP），也称为就位执行，这样应用程序可以直接在 Flash 内运行，而不必把代码读到系统 RAM 中。NOR Flash 的传输效率很高，在 1～4MB 的小容量时具有很高的成本效益，但是较低的写入和擦除速度大大影响了它的性能。

NAND Flash 结构能提供极高的存储单元密度，并且写入和擦除的速度也很快。NAND Flash 的单元尺寸几乎是 NOR Flash 的一半，由于生产过程更为简单，NAND Flash 结构可以在给定的模具尺寸内提供更高的容量，也就相应地降低了成本。

从耐用性来看，NAND Flash 中每个块的最大擦写次数是 100 万次，而 NOR Flash 的擦写次数是 10 万次，因此 NAND Flash 更具优势。但 NAND Flash 也受到位反转和坏块（由各种原因引起存储器中的某块不能被读写）的影响，所以需要 ECC 算法、标记坏块来对这些现象进行相应处理。

NOR Flash 主要用来存储程序代码，而 NAND Flash 适合于数据存储。

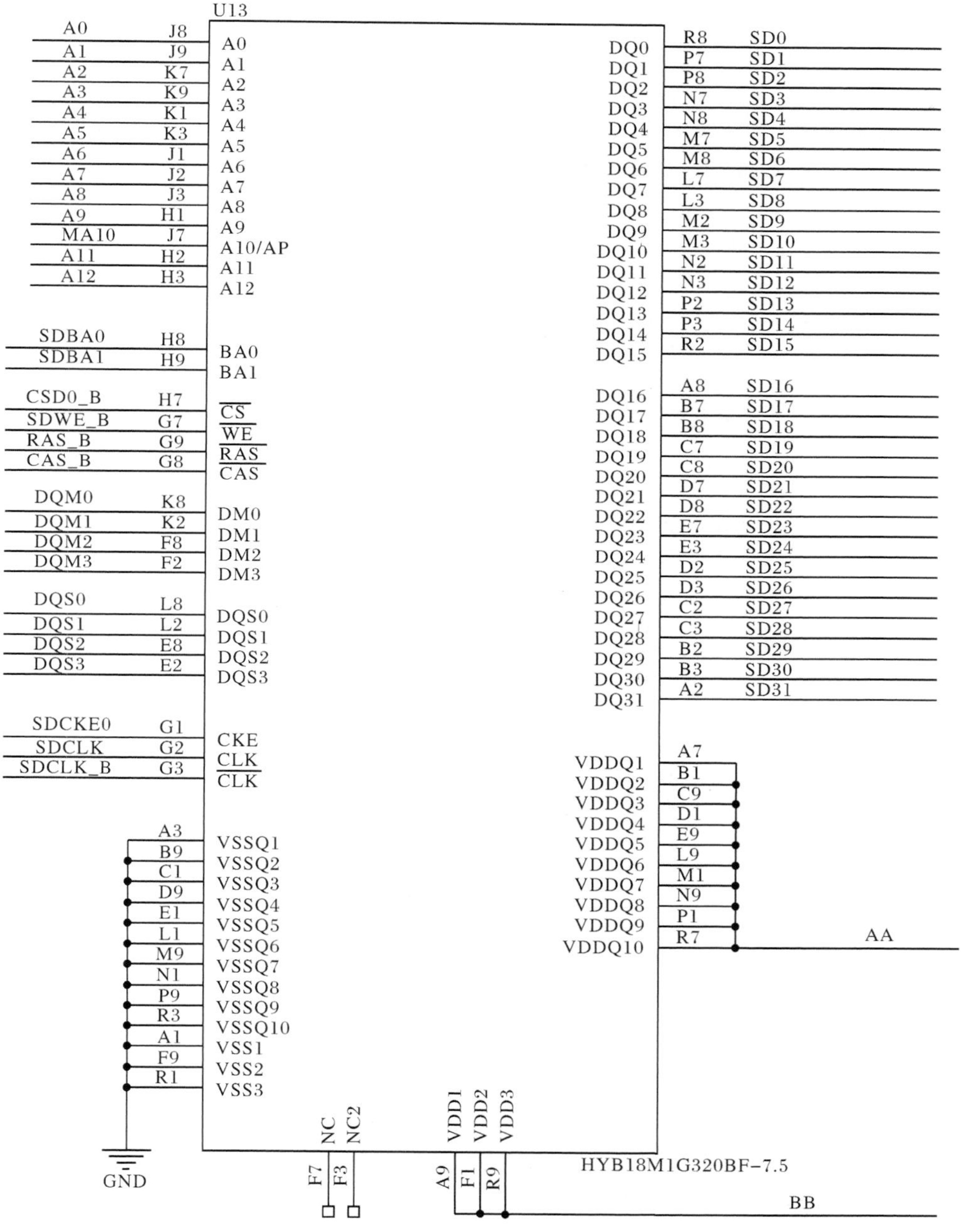

		U13			
A0	J8	A0	DQ0	R8	SD0
A1	J9	A1	DQ1	P7	SD1
A2	K7	A2	DQ2	P8	SD2
A3	K9	A3	DQ3	N7	SD3
A4	K1	A4	DQ4	N8	SD4
A5	K3	A5	DQ5	M7	SD5
A6	J1	A6	DQ6	M8	SD6
A7	J2	A7	DQ7	L7	SD7
A8	J3	A8	DQ8	L3	SD8
A9	H1	A9	DQ9	M2	SD9
MA10	J7	A10/AP	DQ10	M3	SD10
A11	H2	A11	DQ11	N2	SD11
A12	H3	A12	DQ12	N3	SD12
			DQ13	P2	SD13
			DQ14	P3	SD14
SDBA0	H8	BA0	DQ15	R2	SD15
SDBA1	H9	BA1			
			DQ16	A8	SD16
CSD0_B	H7	$\overline{CS}$	DQ17	B7	SD17
SDWE_B	G7	$\overline{WE}$	DQ18	B8	SD18
RAS_B	G9	$\overline{RAS}$	DQ19	C7	SD19
CAS_B	G8	$\overline{CAS}$	DQ20	C8	SD20
			DQ21	D7	SD21
DQM0	K8	DM0	DQ22	D8	SD22
DQM1	K2	DM1	DQ23	E7	SD23
DQM2	F8	DM2	DQ24	E3	SD24
DQM3	F2	DM3	DQ25	D2	SD25
			DQ26	D3	SD26
DQS0	L8	DQS0	DQ27	C2	SD27
DQS1	L2	DQS1	DQ28	C3	SD28
DQS2	E8	DQS2	DQ29	B2	SD29
DQS3	E2	DQS3	DQ30	B3	SD30
			DQ31	A2	SD31
SDCKE0	G1	CKE			
SDCLK	G2	CLK	VDDQ1	A7	
SDCLK_B	G3	$\overline{CLK}$	VDDQ2	B1	
			VDDQ3	C9	
	A3	VSSQ1	VDDQ4	D1	
	B9	VSSQ2	VDDQ5	E9	
	C1	VSSQ3	VDDQ6	L9	
	D9	VSSQ4	VDDQ7	M1	
	E1	VSSQ5	VDDQ8	N9	
	L1	VSSQ6	VDDQ9	P1	
	M9	VSSQ7	VDDQ10	R7	AA
	N1	VSSQ8			
	P9	VSSQ9			
	R3	VSSQ10			
	A1	VSS1			
	F9	VSS2			
	R1	VSS3			

GND

NC　NC2　F7　F3

VDD1　VDD2　VDD3　A9　F1　R9

HYB18M1G320BF-7.5

BB

图 9.4　SDRAM DDR 连接图

i. MX27 支持两种类型的 Flash、NOR Flash 和 NAND Flash。由于 i. MX27 支持从 NAND Flash 的启动,并且作为它首选的启动方式,因此为了节约成本,在产品中没有使用 NOR Flash,而是采用了容量更高、成本更低、寿命更长的 NAND Flash,这里采用三星的 K9F2G08UXA。

K9F2G08UXA 与 i.MX27 相连,如图 9.5 所示,其中 D0～D7 为数据总线,CLE 为命令锁使能,ALE 为地址锁使能,CE 为片选使能,RE、WE、WP 分别为读使能、写使能和写保护。K9F2G08UXA 通过 1.8V 电源供电。

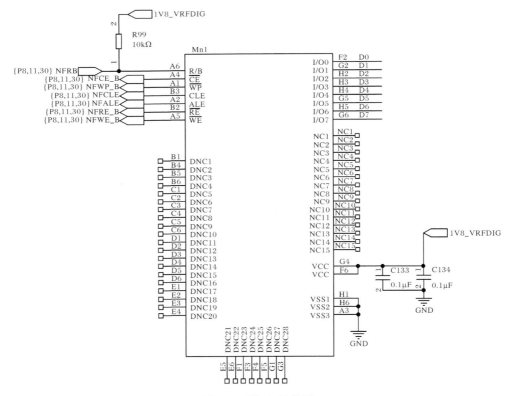

图 9.5　Flash 连接图

9.5.4　电源管理和音频处理模块设计

在智能手机系统中,电源管理是一个很重要的部分,它包括为系统各个模块提供符合需要的电源,在系统不同的工作模式下能打开或关闭某些模块的电源,负责电池充电管理功能。

1) 电源管理

在本系统中,电源管理模块负责对 i.MX27、Flash、内存、LCD、摄像头等多媒体应用模块供电和电池充电管理功能。由于本系统的多媒体应用模块有多个,需要较多的电源,如果采用分离式方案,则需要选用多个 LDO 和开关式电源,还需要专门的电源充电管理模块,这样会增大 PCB 板面积,而且需要 i.MX27 较多的 GPIO 口来对其控制。而采用电源管理芯片则可以节省 PCB 空间,同时控制接口简单。

　　本系统采用 MC13783 电源管理芯片,提供 5 路开关电压,18 路 LDO,能满足应用需求。MC13783 通过 5V 电源或者电池供电,产生 1.2V、1.5V、2.775V、2.8V 等电源供处理器及系统其他模块使用,MC13783 可通过 32M 晶振或 i.MX27 提供时钟。MC13783 和 i.MX27 通过 4 根串口信号线通信,实现对各个电源的智能管理。

　　2) 音频处理

　　MC13783 集成了音频功能,音频部分由麦克风放大器、扬声器放大器、语音编解码器以及立体声数模转换器组成。如图 9.6 所示,J4 和 J5 为插孔式耳机和麦克风,J6 和 J2 为外接式听筒和喇叭。

　　MC13783 通过 i.MX27 的 SSI 总线相连接,如图 9.7 所示。SSI 是一种全双工、同步的可编程串行通信接口,可以被设置为多种传输模式,故可以连接多种不同类型的串行接口设备。SSI 接口信号线包括数据发送线 TxD、数据接收线 SxD、发送时钟信号 CLK 和帧同步信号 FS,通过这 4 根信号线,SSI 可以实现高速的数据同步传输,i.MX27 通过 SSI 总线实现了 MC13783 音频部分的语音数据和控制数据,实现了语音的采集和播放功能。

9.5.5　标准接口模块设计

　　1) USB 接口模块

　　i.MX27 处理器支持 3 个独立的 USB 2.0 接口,各接口速度如下。

　　OTG:高速(480Mbit/s)。

　　Host1:高速(480Mbit/s)。

　　Host2:全速(12Mbit/s)。

　　本系统中除了扩展 USBOTG 接口,还采用 ISP1504 作为 USB 接口的收发器,19.2MHz 时钟作为外部时钟源输入。

　　2) SD 接口模块

　　多媒体应用功能对于存储图片和 MP3 等文件需要更多的存储空间,但系统存储器容量有限,所以需要有外接存储卡接口来提供扩充存储容量的功能。

　　i.MX27 具有 3 个 SD 主机控制器,主机控制器支持如下功能。

　　(1) 兼容 SD 存储卡 1.0 规范和 SDIO 卡 1.0 规范。

　　(2) 支持热插拔。

　　(3) 支持的数据速度范围是 25～100Mbit/s。

　　本系统采用 MINISD 接口,8 根信号线直接与 i.MX27 相连,其中有 4 根数据线、1 根时钟线和 3 根控制信号线。

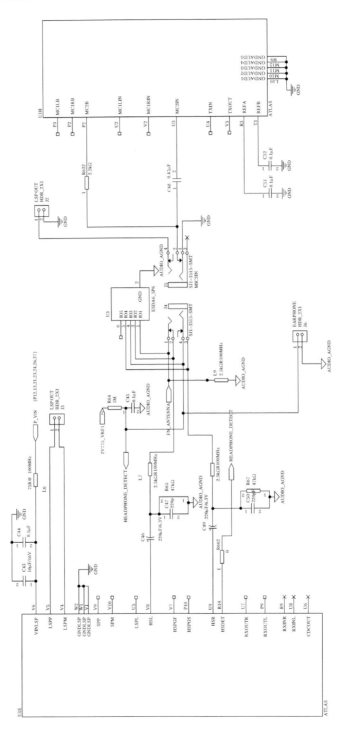

图 9.6 MC13783 音频连接图

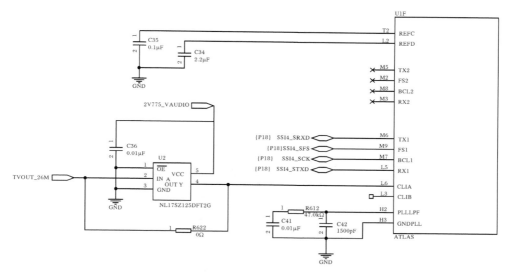

图 9.7　MC13783 音频控制信号连接图

3) DEBUG 接口设计

考虑到 WVphone 制板空间,将用于调试的以太网模块和 RS232 串行接口放在另外制作的调试板上,然后通过 DEBUG 接口使用 0.5mm×60 排线与主板相连。DEBUG 接口电路如图 9.8 所示。UART1_TXD、UART1_CTS、UART1_RTS 和 UART1_RXD 通过排线连接到 RS232 收发器 ISL8337,D0～D15、A1～A3 等信号线通过排线连接到 LAN 收发器 LAN8700。

4) LCD 接口模块设计

本系统在 LCD 上选用三星的 3.5in QVGA TFT LCD 屏 LTV350QV-F05。为 TFT-LCD 模式,包含驱动电路和背光电路,含有触摸功能,像素为 320×240,显示颜色为 16.7M。LCD 屏使用自带的软板和主板通过 0.5mm×60 排线接口相连。

LCD 接口除了连接 i.MX27 处理器外,还连接了一个为 LCD 供电的电源芯片 LM8262MM 和调波芯片 LT1942EUF。

5) 无线模块设计

本系统无线传输模块采用北京中电华大电子设计有限责任公司(以下简称华大)生产的 AL2230S 芯片作为 WLAN 收发芯片,该芯片集成了 2.4GHz 802.11b/g 和 WAPI 安全协议;基带芯片采用华大的 HED08W04SUA 芯片。无线传输模块和 i.MX27 处理器通过 USB 2.0 接口通信。

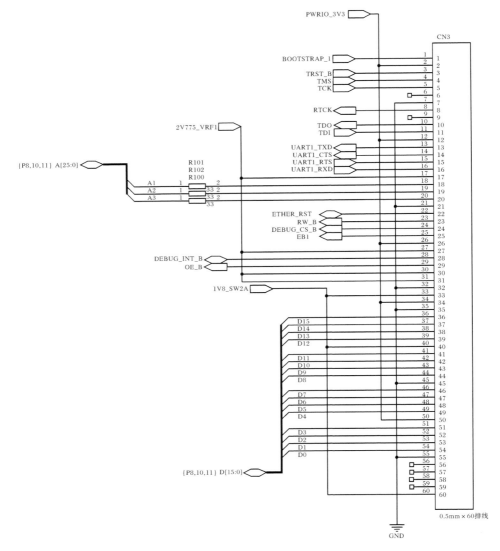

图 9.8　DEBUG 接口连接图

9.5.6　其他外围电路

1）视频采集模块

本系统视频采集部分采用 130 万像素的 COMS 摄像头，该摄像头通过0.5mm×24 排线接口连接到主板上，接口连接如图 9.9 所示，摄像头直接与 i.MX27 处理器连接，信号线中包含 CSI_D0-CSI_D78 专用数据线、时钟和垂直同步信号等。摄像头通过电源芯片 MC13783 芯片提供 2.8V 电源供电。

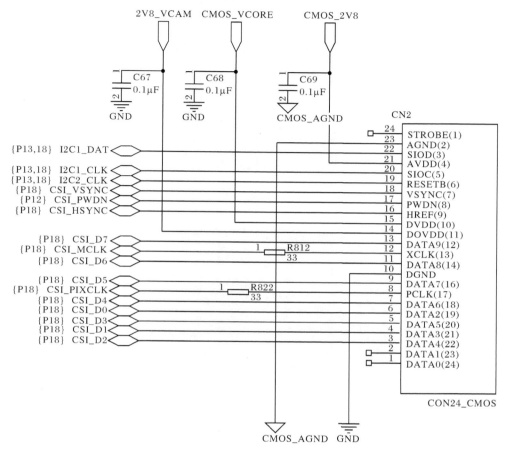

图 9.9　摄像头接口连接图

2) 开关和按键

本系统包含 3 个开关和 9 个按键。3 个开关分别为电源开关、重启开关和调试开关。本系统使用 i.MX27 处理器提供的 KP_COL0-KP_COL2 和 KP_ROW0-KP_ROW2 支持 3×3 矩阵键盘。

9.5.7　WVphone 终端原理样机效果

本 WVphone 系统研发团队基于本章所述硬件模组,成功地实现了 WVphone 系统的终端硬件原理样机;研发的嵌入式软件能在该 WVphone 终端硬件原理样机内稳定运行。图 9.10 为 WVphone 终端拨号界面;图 9.11 为两台 WVphone 终端在 WLAN 的 BSS 范围内,稳定地进行可视电话实时交流的现场效果照片。

图 9.10　WVphone 终端拨号界面

图 9.11　BSS 内 WVphone 终端间的可视电话实时交流效果

9.6　本章小结

　　WVphone 的硬件系统是 WVphone 系统的基础内容,本章选择 i. MX27 作为核心处理芯片模组,在此基础上对芯片模组进行了二次开发,其中对主要的模组进行了配置设计,给出了详细的硬件模组连接图。WVphone 的硬件设计需要考虑多方面的电气工程因素,电气性能是影响 WVphone 系统全部开发周期的关键因素之一,需要认真对待、分析、详细设计。

参 考 文 献

[1] 上海辰汉电子科技有限公司. MX27 MDK Linux BSP V1. 1. 1 用户使手册,2008.

[2] 多媒体视频处理:飞思卡尔 i. MX27 处理器. http://taobao. zol. com. cn/view_76_810994. html[2008-02-08].

［3］H. 264 之硬件全双工之于 ARM9. http://www. eefocus. com/bbs/article_121_70526. html
　　　［2009-07-08］.

［4］无锡矽太恒科电子有限公司. 飞思卡尔全系列开发工具. http://www. docin. com/
　　　p-109990224. html［2010-12-22］

第 10 章　WVphone 软件的实现

由于当前操作系统平台的不同和应用的需要,WVphone 终端的软件设计应考虑从两方面着手,一方面是 WVphone 移动终端上的嵌入式设计,将可视电话软件嵌入 Linux 平台下,实现真正的移动可视通话;另一方面由于台式计算机的日常应用,也需要编写基于 Windows 平台与 PC 互通的软件,本章将从这两方面入手,介绍软件的设计实现。

10.1　WVphone 移动终端软件实现

WVphone 嵌入式终端的软件功能需求如下。

(1) 呼叫功能:软件具有呼叫所必需的流程控制功能。

(2) 音频功能:软件具有语音通话功能。

(3) 视频功能:软件具有视频电话通话功能(包括语音)。

(4) 安全保障功能:软件支持 WLAN 接口的基本安全性要求,提供对 WAPI 的支持。

WVphone 嵌入式终端的软件运行与开发环境如下。

硬件系统:飞思卡尔 i. MX27 硬件平台、WAPI 无线通信模块。

软件系统平台:嵌入式 Linux 内核 2.6.23 版本。

操作人员:普通用户。

10.1.1　嵌入式终端软件系统框架

嵌入式 WVphone 系统框架如图 10.1 所示。从图 10.1 可以看出,系统主要包括用户控制界面、呼叫控制、音视频控制、底层控制等四部分。其中用户控制界面主要用于和操作用户进行交互。呼叫控制部分主要用来控制整个音视频控制模块的运行状态。音视频控制模块里面主要包括两条主线:①音视频的采集、压缩、发送;②音视频的接收、解码、显示和同步处理。底层控制主要涉及 GB15629. 11[1,2]媒体访问控制部分,与具体应用层无关,但是相关的控制信息和状态信息需要与界面交互。

1) 系统主要模块

软件整体分为用户界面、WAPI[3]网络管理、信令控制、数据输入管理、数据输出管理几大模块。

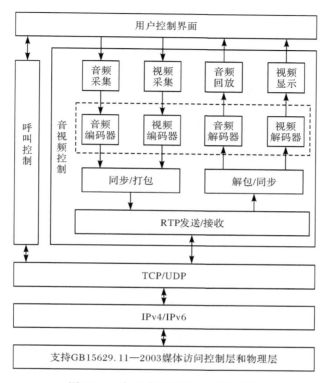

图 10.1　嵌入式 WVphone 系统架构

　　用户界面主要为用户提供图形化的界面接口,提供让用户输入呼叫号码、呼叫另一个客户端、挂断通信、管理 WAPI 网络接入等选择功能。终端检测到 WAPI 网络信号就会自动接入安全网络,当用户需要与另一个用户进行音频或视频通信时,需要拨打对方的电话号码,然后与对方进行通信,通信结束后,还需要挂断电话,用户界面就是设备与用户之间交互的桥梁。

　　WAPI 网络管理模块[4]实现网络相关操作功能,主要包括参数配置、扫描并显示当前可用的 WAPI 网络、接入 WAPI 网络等功能。

　　信令控制模块主要完成 SIP 信令协议,为用户间进行通信呼叫及挂断会话提供管理协议流程。

　　数据输入管理模块包含音视频的采集、音视频编码及打包发送等子模块。因为音频与视频分别从两个不同的设备实现数据输入,所以数据输入管理模块还需要将音频与视频进行同步编码,将数据封装成包后交由 RTP[5]进行发送。

　　数据输出管理模块包含音视频的接收和解包、数据的同步及音视频的解码、数据输出等子模块。数据输出管理模块从 RTP 接收到数据后,调用解包接口进行数据解析,然后将解析出来的数据分别交由音频解码器与视频解码器进行解码,并分别调用输出设备输出。

2)人工处理过程

目前系统出现死机或其他不可逆转的错误时需要人手动启动系统。

3)预留接口

软件为进一步扩展功能预留了一部分控件、菜单和系统函数接口。

10.1.2　用户界面需求定义

可视电话终端系统运行的主界面如图 10.2 所示,其中包含界面顶部的菜单栏、拨打号码显示框、数字键、音频拨打键、视频图标的视频拨打键及回删键。菜单栏的主要作用是通过单击相应的菜单项,进入相应的应用界面进行相应的操作。例如,“网络”菜单提供了初始化网络、关闭网络以及配置网络等相关操作(如加载模块、打开驱动、配置 IP 地址等)。

图 10.2　系统主界面

在主界面布局的菜单栏通过单击“网络”按钮可显示 WAPI 网络管理界面,其界面如图 10.3 所示。该界面包括顶部的 WAPI 网络列表题头、当前扫描到的以及系统保存的 WAPI 网络和几个操作按钮。通过单击 WAPI 界面中的“扫描”按钮可以对当前范围内的 AP 搜集并显示在界面中的列表框控件中。通过单击列表框中相应的 AP 项的 ESSID,就可以进行联网操作。单击“高级”按钮,可以将选中的 ESSID 网络项进行 IP 地址的静态指定、DHCP 自动分配选择项以及查看其网络详细信息。单击“返回”按钮可返回主界面。

通过单击图 10.2 主界面中的“呼叫”按钮或是在图 10.4 所示的视频通信界面中单击“关视频”按钮可进入图 10.5 所示的音频通信界面。通信界面包含顶部的对方号码、空白的视频显示框、通信时间,以及开视频、挂断通信、免提等几个按钮控件。

通过单击图 10.2 所示的主界面中视频图标的视频拨打键或是通过图 10.5 所示的音频通信界面中的“开视频”按钮可进入如图 10.4 所示的视频通信界面。在视频显示控件上将显示对方的视频图像信息,可以单击挂断按钮来结束音视频会话,并回到图 10.2 所示主界面,单击“免提”按钮可以使用功放的功能。

图 10.3　WAPI 网络管理界面

图 10.4　视频通信界面　　　图 10.5　音频通信界面

10.1.3　模块详细设计

1. WAPI 网络管理模块

终端检测到 WAPI 网络信号就会自动接入安全网络,接入过程主要由 WAPI 网络管理模块负责完成。默认的连接流程如图 10.6 所示。

当需要连接无线网络时,先扫描信道,查看当前环境下是否有可用的无线 AP,扫描后可以查看扫描结果,其中包括 AP 的 MAC 地址、信号强度、最大速率、信噪比以及加密方式等。然后根据扫描得到的信息填写配置文件,在配置文件中,需要填入所连网络的 ESSID、加密方式、密钥产生方式、密钥等信息。在填写配置文件后,就可以连接网络了。在连接过程中,程序调用 wpa_supplicant 命令读取之前配置好的配置文件,然后就可以成功地连接到无线网络中了。

单击"扫描"按钮后,程序执行流程如图 10.7 所示。单击 ESSID 条项时,程序执行流程如图 10.8 所示。

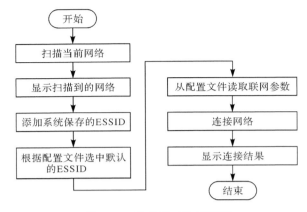

图 10.6　WAPI 工作流程图

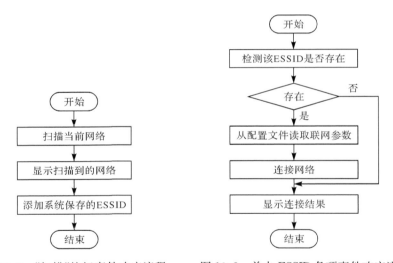

图 10.7　"扫描"按钮事件响应流程　　图 10.8　单击 ESSID 条项事件响应流程

　　WAPI 网络管理模块主要完成两个功能,可分为两个子模块:网络扫描子模块、网络连接子模块。

　　1) 网络扫描子模块

　　首先定义一个结构体,其中包括 AP 的 ESSID、MAC 地址、AP 是否加密、AP 支持的最大速率以及 WAPI 加密的模式等信息,这些是保存扫描结果的。

　　在打开内核 socket 后,就开始扫描信道,并且保存在自定义的结构体中,这个过程调用的是 print_scanning_token 函数,该函数读取事件流命令,随后进行命令解析,对于 WAPI 信息元素的解析,是通过对 IE 串中各个字段进行分析,根据 WAPI 协议的规定得到结果。随后将解析后的结果保存在扫描结果的结构体中。

最后将该结构体保存在一个结构体链表中,并且将其显示出来,这样用户就能看到扫描后的结果了。

通过该模块填写网络配置的文本文件,其中包括无线网络的 ESSID、加密方式、加密密钥、密钥产生模式等。

2) 网络连接子模块

该模块通过调用 wpa_supplicant 函数读取配置文件,连接网络。

2. 接收、解码、显示模块设计

1) 初始化接收端工作线程

接收、解码、显示在线程 int decode_test(void * arg)中完成,采集、编码、发送在线程 int encode_test(void * arg)中完成。线程的建立主要通过函数 pthread_create 来实现,用到的头文件为#include<pthread.h>,在编译过程中,编译选项中加入-lpthread。

2) 关键流程

此线程体通过一个 while(1)死循环函数来循环执行接收解码、显示任务。首先通过一个控制开关 run 来判断是否将线程置为等待状态,如果 run 为假,说明还没有收到呼叫,线程就处于挂起状态;如果 run 为真,那么线程开始执行。首先判断互斥信号量 ImageFrameNum 是否为 0,如果是,表示编解码芯片可以供解码使用,则程序继续执行,通过阻塞接收方法 recvfrom 等待接收到来的数据,如果有数据收到,就将其中有效的音视频数据分别复制出来,送给解码芯片进行解码,解码后的数据放在 disp 结构体指针中的 v4l_buf * buffers 指针所指向的地址当中。需要对视频进行任何处理时,可以操作此结构体指针内容。所有工作完成后,将互斥信号量减 1,释放编解码芯片控制权。

3. 采集、编码和发送模块设计

1) 初始化发送端线程

采集编码发送时通过一个线程 int encode_test(void * arg)来完成。

线程的建立主要通过函数 pthread_create(&endecodethread[0], NULL, (void *)&encode_test, (void *)&input_arg[0]. cmd)来完成,主要用到的头文件为#include<pthread.h>,在编译过程中,编译选项中加入-lpthread。

初始化设置编码相关参数的代码如下:

```
EncHandle handle = kinglongenc->handle;
EncParam   enc_param = {0};
EncOutputInfo outinfo = {0};
RetCode ret;
```

```
int src_fbid = kinglongenc->src_fbid,img_size;
FrameBuffer * fb = kinglongenc->fb;
```

2）关键流程

通过一个 while(1)死循环函数来循环执行采集、编码、发送任务。

首先通过一个控制开关 run 来判断是否将线程置为等待状态，如果 run 为真，那么线程开始执行。首先判断互斥信号量 ImageFrameNum 是否为 0，如果是，表示编解码芯片可以供编码使用，程序继续执行，进行音视频的采集，然后压缩并进行发送，发送完成后将互斥信号量加 1，释放控制权；再次进行循环，判断 Image-FrameNum 是否为真，如果为真，那么执行与前一次相同的流程，如果为假，就认为没有收到对方发送的数据包，再次发送上一次发送的数据包，发送完后等待一定的时间。

4. SIP 模块设计

SIP 呼叫控制单元[6]采用 C/S 结构，主要工作框架流程如图 10.9 所示。

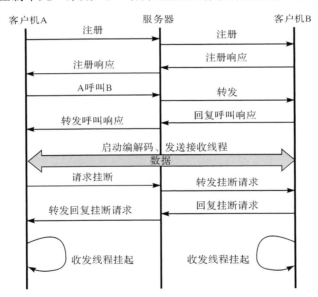

图 10.9　SIP 模块主要工作框架流程图

SIP 协议栈具体工作流程见图 10.10。

SIP 模块主要在 Main.c 中通过两个线程完成，用于和 QT 通信。创建 SIP 线程主要用到 pthread_create(&thread[0],NULL,(void *)&receiver,NULL)和 pthread_create(&thread[1],NULL,(void *)&sender,NULL)函数，需要包含头文件♯include<pthread.h>。由于 SIP 模块使用了第三方库文件开发，所以需

要在编译选项库中添加-lpthread、-leXosip2、-losip2、-losipparser2 等选项。

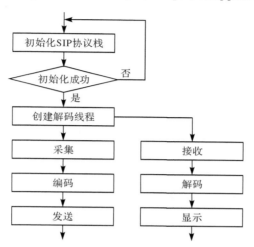

图 10.10　SIP 协议栈具体工作流程图

（1）消息接收线程 int receiver：线程体里面首先进行 SIP 接收消息初始化工作，然后通过 for(;;)实现循环等待，通过判断 je->type 值来确定收到了哪种 SIP 消息，然后对消息作出对应的响应。

（2）消息发送线程 int sender：线程体通过一个 while(1)死循环来等待终端输入操作命令，对所输入的操作命令进行判断，然后决定应该发送哪一种 SIP 消息。在发送过程中，还需要构造相应的 SDP 消息内容，将内容放在 SIP 消息的消息体里面。

5. 系统关键数据结构设计

1）数据编码结构体
系统中用到的编码数据结构定义如下：
```
struct encode{
    EncHandle handle;
    PhysicalAddress phy_bsbuf_addr;
    int picwidth;
    int picheight;
    int src_fbid;
    FrameBuffer * fb;
    struct frame_buf * * pfbpool;
};
```
handle：编码要用到的常规设置，如图像是否旋转等。

phy_bsbuf_addr:指原始视频数据的物理地址。

picwidth:图像的宽度。

picheight:图像的高度。

src_fbid:图像的 YUV 格式。

fb:分配给编码程序的可用缓存。

pfbpool:指向缓存的指针。

2）数据解码结构体

系统中解码数据结构定义如下：

```
struct decode{
    DecHandle handle;
    PhysicalAddress phy_bsbuf_addr;
    int picwidth;
    int picheight;
    FrameBuffer * fb;
    struct frame_buf * * pfbpool;
    struct vpu_display * disp;
};
```

handle:主要是解码要用到的常规设置,如图像是否旋转等。

phy_bsbuf_addr:被解码数据的物理地址。

picwidth:图像的宽度。

picheight:图像的高度。

fb:分配给解码程序的可用缓存。

pfbpool:指向缓存的指针。

disp:图像的显存。

3）数据收发结构体

系统中数据打包所用到的数据结构定义如下：

```
struct CodeData{
    const char data[4096];
    int bitsize;
    char audio_buffer[1024];
};
```

data:视频数据存放缓存。

bitsize:视频数据大小。

audio_buffer[1024]:音频数据存放缓冲区。

6. 软件关键流程说明

1) 摄像头初始化

系统主要通过 camera_init(void)函数对摄像头进行初始化,初始化工作主要包括对摄像头内部寄存器进行设置、为摄像头采集数据分配空间、设置图像采集的分辨率。

2) LCD 初始化

对 LCD 的初始化[7]主要通过 mxcfb_init(void)函数来完成,包括设置 LCD 分辨率、分配显示缓存。

3) MIC 初始化

对 MIC 的初始化主要通过 pmic_audio_init(void)来完成,包括设置相应的 ADC 寄存器、默认采集频率和采集格式。

4) 音频数据采集

音频设备初始化成功,可以通过系统接口函数 open("/dev/sound/dsp1WT", O_RDONLY)来打开设备,函数的第一个参数是音频设备的设备地址,第二个参数是访问权限,MIC 是只读设备。

成功打开设备,可以通过 ioctl(fd_audio, Null, &toread)函数读取音频数据流,函数的第一个参数是设备的地址号,第二个参数为空,在此没有意义,第三个参数是数据缓存地址;读出的数据存放在 toread 的缓存中。

5) 视频数据采集

视频设备初始化成功后,可以通过系统接口函数 open("/dev/video/dsp1", O_RDONLY)来打开设备,函数的第一个参数是视频设备的设备地址,第二个参数是访问权限,摄像头是只读设备。

ioctl(cap_fd, VIDIOC_DQBUF, buf)是读取视频数据流的函数,函数的第一个参数是设备的地址号,第二个参数是命令参数,第三个参数是数据缓存地址;读出的视频数据存放在 buf 中。

6) 视频数据的编码

视频编码主要通过 vpu_EncStartOneFrame(handle, &enc_param)函数完成,此函数主要实现一帧图像的编码。函数的第一个参数是编码的属性配置,主要包括图像旋转角度、图像编码格式,第二个参数是编码的数据源的地址和属性,主要包括 PhysicalAddress、Picwidth、Picheight 和 FrameBuffer。

7) 视频数据的解码

从局域网上获取到数据后,立即把数据送给 vpu_DecStartOneFrame(handle, &decparam)函数解码,此函数主要实现一帧图像的编码函数的第一个参数是编码的属性配置,主要包括图像旋转角度、图像编码格式,第二个参数是解码的数据源的地址和属性，主要包括 PhysicalAddress、Picwidth、Picheight 和 FrameBuffer。

10.2 WVphone 移动终端与 PC 终端互通软件

WVphone 是由 AP、终端、各功能软件组成的系统。WVphone 终端之间可以相互实现可视电话的互通，WVphone 终端也可与 PC 实现可视电话的互通。WVphone 终端与 PC 之间实现可视电话互通的运行环境为普通个人计算机、Windows 操作系统（如 Windows XP、Windows Vista、Windows 7 等）。

10.2.1 系统框架

系统首先对视频采集、编解码及数据发送与接收进行初始化设置，以使各功能模块能按设计要求启动运行。系统初始化的主要工作是创建摄像头句柄、初始化编解码器及连接摄像头驱动等。然后进行视频数据的采集，获取数据后传递给编码器，编码器对数据进行压缩生成 H.264 格式，再由传输模块通过网络载体将数据发送到对方终端。在本地视频采集的同时开启远程数据接收线程，实时监听远程数据。接收到远程数据后将其送入解码器进行解码。最后调用相关函数进行显示。系统框架如图 10.11 所示。

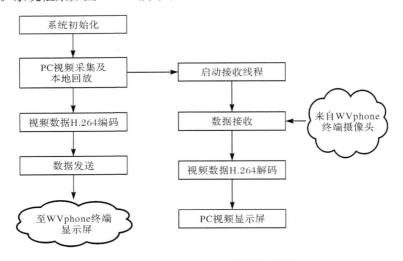

图 10.11　适用于 PC 的软件框架图

1）系统主要模块

软件整体分为初始化、视频采集及本地回放、视频数据编码、数据传输、远程视频显示等几大模块。

2）扩展接口

本软件采用类的思想，把多种协议（如 H.263、H.264、MPEG4 等）的编码共性封装在一个类中，对于不同的编码，采用不同的构造函数及对应的编码函数来实现。

10.2.2　模块详细设计

1）初始化模块

系统初始化是系统运行的前期工作，主要包括矩形框各画图句柄的获取、画图框位置的调整、摄像头驱动的连接与参数设置、H.264 编解码器的初始化、网络连接及视频捕获回调函数的注册等。

其中，摄像头驱动的连接通过函数 capDriverConnect(m_capwnd,index) 实现，参数 m_capwnd 为摄像头句柄，index 为设备驱动索引号。

摄像头参数的设置主要包括捕获的帧频率、图像的大小尺寸（本系统采用 320×240 像素的图片规格）等，设置为 CapParms. dwRequestMicroSecPerFrame $=$ (DWORD)(1.0e6/15.0)，参数 CapParms 由系统结构体 CAPTUREPARMS 生成。

H.264 编解码器的初始化包括编解码上下文的建立、各种编解码器的注册、H.264 编解码器的打开及各参数设置。编码参数设置包括码率、帧率、图像格式、量化步长、编码等级、像素格式等。设置如下：

```
avcodec_init();
avcodec_register_all();
encoder = avcodec_find_encoder(CODEC_ID_H264);
```

设置编码帧速率时，一般设为 30 帧/s，但在实际应用中，只要保证解码端能在 15 帧/s 以上，画面给人眼的感觉还是比较流畅的。在 gop_size 设置上要考虑网络带宽问题，因为 gop_size 值设得小，表示会在很小的时间间隔内插入一个 I 帧，I 帧的数据量比较大，对于实时系统，一般将它设为 15～20。

网络连接初始化主要是会话与 socket 的建立、通信地址等参数的设置及绑定。由于视频数据分为发送与接收两部分，所以在网络传输上设计成两个角色——服务器端与客户端。PC 相对于 WVphone 终端发送过来的数据是服务器端，实时监听数据到来状况。相对于向 WVphone 终端发送数据，PC 则为客户端角色，将压缩好的本地视频数据发送给 WVphone 终端进行处理。当 PC 作为客户端时，网络连接初始化为：首先定义变量 WSADATA wsaData，调用 WSAStartup(MAKEWORD(2,2),&wsaData) 来初始化 Winsock 对应的 Ws2_32.dll，以便建立 socket。由于传输的是实时视频数据，所以要求网络延迟小，能快速地进行数据交付，因而采用 RTP 建立连接，其实质是建立在不可靠协议 UDP 上的 socket 连接，即 ClientSocket＝socket(AF_INET,SOCK_DGRAM,0)。当 PC 作为服务器端时,网络连接初始化先调用 WSAStartup(MAKEWORD(2,2), &wsaData),然后建立 socket,ListeningSocket = socket(AF_INET, SOCK_DGRAM,0),最后进行本地绑定 bind(ListeningSocket,(SOCKADDR *) &ServerAddrPC,sizeof(SOCKADDR))。

2)视频采集及本地回放模块

视频采集负责对摄像头进行参数设置,对摄像头捕获的数据进行提取,并交予编码器处理。视频采集首先要连接好摄像头驱动,然后单击"开始"按钮执行 StartCapture 函数,本函数实现的功能如下。

(1)初始化视频回放对象 m_hdib=DrawDibOpen()。当 m_hdib 不为空时调用 DrawDibBegin 函数,其中第五个参数 &m_bmpinfo. bmiHeader 保存了摄像头捕获的图像的头部信息,第六个、第七个参数分别指定了图像的宽与高。

(2)开始视频采集。此时通过调用系统函数 capCaptureSequence 真正进行视频采集。本函数执行时会自动启动在初始化过程中注册的回调函数 OnCapture-Video,此回调函数的第二个参数 lphdr 是个 LPVIDEOHDR 类型的指针,通过此指针可以提取视频数据及其长度,以便于本地回放及进一步处理。

(3)启动视频接收线程开始进行远程视频数据的监听与接收。线程的启动通过系统函数 AfxBeginThread(SOCKreceiveThread,NULL)实现。

通过 StartCapture 函数对视频回放对象进行初始化及保存捕获图像头部信息,结合 lphdr 提取的视频数据 lphdr—>lpData 对本地图像进行显示,即 Draw-LocalScreen()。

3)视频数据编码(H. 264)

视频压缩必须满足两个要求。

(1)必须压缩在一定的带宽内,即视频编码器应具有足够的压缩比。

(2)视频信号压缩之后,应保持一定的视频质量。一般来说,视频质量的评定有两个标准:一个是主观质量,由不同的评委从视觉上进行评定;另一个是 PSNR 指标评定,即 $PSNR=10\times\lg((2^n-1)^2/MSE)$。

WVphone 终端与 PC 进行视频通信时,需要占据大量的带宽。本系统通信时采用分辨率为 320×240 的 32 位彩色图像(每像素占用 32bit),其数据量约为 2. 46Mbits。若要达到 25 帧/s 的全动态显示要求,则每秒所需的数据量为 61.5Mbit,而且要求系统的数据传输速率必须达到 61.5Mbit/s,这在目前的网络应用中是无法达到的,因而需要先对视频数据进行压缩处理,再传输至网络。

预测法是 H. 264 中采用的一种常规编码方法[8],压缩编码后传输的并不是像素本身的取样幅值,而是该取样的预测值和实际值之差。大量统计结果表明,同一幅图像的邻近像素之间有着相关性,邻近像素之间发生突变的概率很小,如图 10.12 所示。

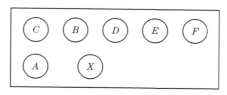

图 10.12　邻近像素相关性

图 10.12 所示为同一帧内邻近像素,当前像素为 X,其左邻近像素为 A,上邻近像素为 B,上左邻近像素为 C 等。与 X 距离近的像素(如 A、B)和 X 的相关性强,距离越远相关性越弱,如 C、D、E、F 像素。以 P 作为预测值,按与 X 的距离不同赋予不同的权值,把这些像素的加权和作为 X 的预测值,与实际值相减,得到差值 e(由于临近像素之间相关性强,e 值非常小)。再对 e 值进行映射变换,对变换系数进行量化,最后进行熵编码并输出码流。编码系统基本结构如图 10.13 所示。

图 10.13　编码系统基本结构

由于 H. 264 编码具备高效编码与低码流、较强的容错能力、较强的网络适应性及图像质量高等优点,符合上述压缩要求,WVphone 终端在设计时采用 H. 264 芯片对视频数据进行编解码,因而本系统在视频数据编解码模块设计上也采用了 H. 264 标准。

本模块的主要流程是先将捕获的原始数据转化为 YUV420P 格式,再通过压缩器将此格式的帧编码为 H. 264 流的形式并存储以备数据打包处理,流程如图 10.14 所示。

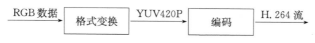

图 10.14　编码格式转换

模块的实现基于 FFMPEG2.0 开发包。在视频采集模块调用回调函数 On-CaptureVideo 后,通过指针 lphdr 提取捕获的视频数据 lphdr—>lpData 及数据长度 lphdr—>dwBufferLength,这两个变量作为 EncodeVideoFrame 的两个参数进行数据编码。在编码前先定义一个结构体指针 AVFrame ∗ picture 及一个结构体 AVPicture rgbpic,rgbpic 用于保存从源数据 lphdr—>lpData 中提取的三段分量:

```
rgbpic—>data[0]＝data
```

rgbpic->data[1]=picture->data[0]+IMAGE_WIDTH * IMAGE_HEIGHT

rgbpic->data[2] =picture->data[1] + size2

指针 picture 用于保存从 RGB 格式转化为 YUV420P 格式的三段分量 Y、U、V。转换前要对结构体 picture 进行初始化并按 320×240 规格分配好空间。初始化时调用函数 avcodec_alloc_frame,此函数首先分配了 sizeof(AVFrame)大小的空间,然后将空间全部置空。结构体初始化在编解码器初始化函数中执行,以防止产生过多的内存碎片。编码后的数据可以以帧的方式单独打包发送,也可以多帧组包发送。依据编码前的 gop_size 初始化值,可以确定编码时每多少帧之间插入一个 I 帧。由于 I 帧没有经过帧间预测,其数据量比较大,而其他如 P 帧等编码后数据量比较小,一般为几十到几百字节,因而可以将 I 帧单独打包发送,连续相邻的 P 帧组包发送。这样可达到节省网络带宽、减少网络延迟的目的。

4) 数据传输

数据传输主要包括视频数据的传输和接收。视频系统传输的数据量比较大,传统的 TCP/IP 无法满足这些性能指标,这主要是由于 TCP 设计的初衷是针对非实时数据业务的。首先,TCP 是面向连接的传输协议,连接时会产生一定的时延。其次,当发送方根据 ACK 返回的时差状况发现有数据包丢失时,它会对丢失数据进行重传,造成延迟。此外,TCP 的报头不包含时间戳和编解码信息,因而接收方可能无法正确地重组和解析数据,因而 IETF 提出几种支持流媒体传输的协议。

(1) 支持多媒体数据流的 RTP。

(2) 与 RTP 一起提供流量控制和拥塞控制服务、解决网络 QoS 相关问题的RTCP。

(3) 定义一对多应用程序如何有效地控制通过 IP 网络传送多媒体数据的RTSP。

与传统的注重高可靠性的数据传输协议相比,RTP 更加侧重于数据传输的实时性与数据包处理的方便性。此协议提供的服务包括负载类型、数据序列、时间戳、传输控制等,其数据包格式如图 10.15 所示。

版本号 2bit	扩展位 1bit	补充位 1bit	CSRC 4bit	标记 7bit	负载类型 7bit	序列号 16bit
时间戳 32bit						
SSRC 标志位(32bit)						
CSRC 标志位 0(32bit)						
CSRC 标志位 1(32bit)						
⋮						

图 10.15　RTP 数据包格式

发送端在发送媒体流时,依照即时的采样在每个 RTP 数据包里设置时间、结束等标签,接收端在收到数据包后,先按照序列号对数据包排序,重组数据帧。然后根据负载类型对数据帧进行分类存储并解码播放。RTP 的协议数据单元由 UDP 分组来承载。RTP 本身并不能为按顺序传输数据包提供可靠的传送机制,也不提供流量控制和拥塞控制机制,它一般结合 RTCP 来提供 QoS 保证。

RTCP 是与 RTP 一起使用进行流量控制和拥塞控制的服务控制协议。当应用程序开始一个 RTP 会话时,将使用 RTP 和 RTCP 两个端口。在 RTP 的会话之间周期性地发送一些 RTCP 包,用来监听服务质量和交换会话用户信息等。从 RTCP 包中可以获知已发送的数据包数量、接收方实际接收到的数据包数量、丢包率、发送延时等相关参数。发送端根据这些信息进行统计,并动态地调节发送速率、发送包的大小设置,甚至改变有效载荷类型。根据用户间的数据传输反馈信息可以制定流量控制的策略,而针对会话用户信息的交互可以制定会话控制策略。最终达到提高网络性能、减少数据丢失的目的。

本节采用 RTP/RTCP 对编码后的视频数据进行传输,使数据能实时传输到各终端,具体实施如下。

视频数据编码后建立 RTP 会话 session1、session2。其中,session1 用于发送数据,session2 用于接收数据。参数设置及会话建立如下:

RTPUDPv4TransmissionParams transparams;

RTPSessionParams sessparams;

sessparams.SetOwnTimestampUnit(1.0/9000.0);//设置时间戳单元

sessparams.SetAcceptOwnPackets(true);

transparams.SetPortbase(localPort);

status = sess1.Create(sessparams,&transparams);//创建会话

//以下为 RTP 会话默认参数设置

sess1.SetDefaultPayloadType(96);//设置负载类型,参考 RFC 3551

sess1.SetDefaultMark(false);

sess1.SetDefaultTimestampIncrement(3000);

会话建立后,将压缩后的视频数据打包,每次发送一个包的长度 len(PAYLOAD_SIZE 1024B):sess1.SendPacket(cdata,count)。在此处可跟踪调试检查返回值是否为 0,为 0 则表示发送成功。其中,sent += PAYLOAD_SIZE,marker 初始时为 false,当发送完一个数据包时,将其置为 true。数据分包处理如下:

while(sent<=retvalue)

{

　　marker = false;　//标记数据是否发送完

```
    if(retvalue—sent<=PAYLOAD_SIZE)//PAYLOAD_SIZE 定义为1024
    {
        len = retvalue—sent;
        marker = true;
    }
    sess.SendPacket();//发送数据
    sent += PAYLOAD_SIZE;
}
```

其中，sent 为已经发送的数据包，初始值为 0，retvalue 为帧长。发送一个数据包后，若剩下的数据长度小于分片 PAYLOAD_SIZE，则将要发送的长度设为剩下的数据长度，然后通过网络传输到接收端。

接收端通过 pack—>GetPayloadData 函数从局域网上获取数据，一次复制 pack—>GetPayloadLength() 的长度到 buf[bufindex] 中。接收端处理工作在一个线程中执行，主要算法如下：

```
while(1)
{
    sess2.BeginDataAccess();//确保轮询(poll)线程不会在这期间访问资源表
    if(sess2.GotoFirstSourceWithData())  //是否有 RTP 封包
    {
        do
        {
            RTPPacket * pack;
            char * recvbuf=NULL;
            while((pack = sess2.GetNextPacket())!= NULL)
                                                    //取得一个小封包片
            {
                SavetoBuffer();
            }
            sess2.DeletePacket(pack); //销毁,再取包
        } while(sess2.GotoNextSourceWithData());//接收另一个数据包
    Sort();//排序各数据包
    }//if end
    sess2.EndDataAccess();//轮询(poll)线程会得到锁而继续访问资源表
#ifndef RTP_SUPPORT_THREAD
//此宏在 rtpconfig_win.h 中定义了,在此还没定义,则 for 循环一开始就确
```

定了接收模式为 poll
```
              status = sess2.Poll();
              checkerror(status);
    #endif // RTP_SUPPORT_THREAD
}
```

5）视频数据解码（H. 264）

WVphone 终端向 PC 端发送的视频数据通过建立在 UDP 上的会话传输到接收端进行处理。PC 端监听数据的到来，接收到数据包后，根据其中的标记进行拆包并重新排序压缩的视频帧。然后按序将压缩的数据进行解压，解压过程中首先将 H. 264 的压缩流解压成 YUV420P 的格式并存储在一个缓冲区 YUVbuffer 中，再定义三个指针来分别提取 Y、U、V 三个分量，之后利用这三个分量转化为 RGB 格式，流程见图 10. 16。

图 10.16　解码流程

解码过程中对 Y、U、V 分量的提取是依据 YUV 格式来确定的。对于 YUV420P 的形式，Y 分量的数据量为 IMAGE_WIDTH×IMAGE_HEIGHT，U 分量的长和宽分别为 Y 分量长和宽的一半，则其数据量为 IMAGE_WIDTH× IMAGE_HEIGHT/4，V 分量与 U 分量相同，数据量也为 IMAGE_WIDTH× IMAGE_HEIGHT/4，因而提取 Y、U、V 三个分量的指针按上述计算结果偏移相应的位置。最后将三者输入按规格转换为对应的 RGB 格式。本系统的图片规格为 320×240 像素，在转换过程中，U、V 分量的参数位置要确定好，否则会引起图片颜色的交错。

6）远程视频显示

数据解码后将其保存在 decodebuffer 中，然后调用视频回放函数 DrawDib-Draw 将图像显示在视频终端。此时对帧的回放是基于初始化时对 DrawDibBegin 的调用，在初始化时进行了摄像头参数的设置，保存了摄像头捕获到的图像的头部信息。然后传递到画帧函数中。在编码、传输、解码过程中都只是对图片净荷数据进行了处理。头部信息只是在最后显示时与解码数据一起画帧。

7）系统关键数据结构设计

系统关键数据结构包括 AVFormatContext、AVCodecContext、AVCodec、AVFrame、AVPicture。

其中，AVPicture 定义如下：

```
typedef struct AVPicture
{
    uint8_t * data[4];
    int linesize[4];
}AVPicture;
```

AVCodec 定义如下：

```
typedef struct AVCodec
{
    const char * name;
    enum CodecType type;
    enum CodecID id;
    int priv_data_size;
    int( * init)(AVCodecContext * );
    int( * encode)(AVCodecContext * ,uint8_t * buf,int buf_size,void * data);
    int( * close)(AVCodecContext * );
    int( * decode)(AVCodecContext * , void * outdata, int * outdata_
        size,uint8_t * buf,int buf_size);
    int capabilities;
    #if LIBAVCODEC_VERSION_INT <((50<<16)+(0<<8)+0)
        void * dummy;
    #endif
    struct AVCodec * next;
    void( * flush)(AVCodecContext * );
    const AVRational * supported_framerates;
    const enum PixelFormat * pix_fmts;
} AVCodec;
```

8）软件设计关键

系统运行过程中的主要关键流程如图 10.17 所示。

系统主要关键流程包括初始化和线程启动、编解码等。首先系统启动并初始化,对各种初始化工作进行检测,如果失败,则返回错误信息告诉用户;如果成功,则启动一个新的线程,准备接收数据,同时进行视频数据的采集、编码、发送工作。视频接收线程接收到新的数据后,进行必要的重组处理后,解码并显示。

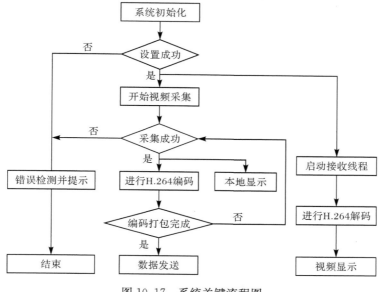

图 10.17　系统关键流程图

10.3　本 章 小 结

　　本章对 WVphone 终端中的软件、与 PC 互通的软件设计进行了介绍,对涉及的关键技术 H.264、SIP 信令交互等作了简要的分析设计,给出了包括系统框架、用户界面需求定义、各个模块的详细流程说明,并对软件的关键代码等作了简要分析,以供读者参考。

参 考 文 献

[1] IEEE Standard for Information Technology-Telecommunications and Information Exchange Between Systems-Local and Metropolitan Area Networks-Specific Requirements Part 11: Wireless LAN Medium Access Control(MAC) and Physical Layer(PHY) Specifications Amendment 6: Medium Access Control(MAC) Security Enhancements. New York: IEEE Press, 2004.

[2] 全国信息技术标准化技术委员会宽带无线 IP 标准工作组. GB 15629.11—2003《信息技术 系统间远程通信和信息交换 局域网和城域网 特定要求 第 11 部分:无线局域网媒体访问控制和物理层规范:2.4GHz 频段较高速物理层扩展规范》实施指南. 北京:中国标准出版社, 2004.

[3] 铁满霞,李建东,王育民. WAPI 协议的可用性分析与改进. 计算机科学, 2007, 34(10): 84-87.

[4] 孙硕. 基于虎符 TePA-WAPI 技术的 AIPN 系统设计与实现. 北京:北京邮电大学,2011.

[5] RTP:A Transport Protocol for Real—Time Applications. RFC 3350.

[6] 刘刚,覃嘉,廖伟,等. 基于 SIP 协议的网络电话安全方案及实现. 计算机工程,2008, 34(11):140-142.

[7] 陈文震,卞卫锋,张亚伟. Android 系统下的 LCD 驱动移植. 仪表技术,2012,(4):16-19.

[8] 毕厚杰. 新一代视频压缩编码标准 H. 264/AVC. 北京:人民邮电出版社,2005.

第 11 章　WVphone 软交换软件实现

11.1　WVphone 软交换软件

WVphone 终端之间进行视频数据通信,需要呼叫控制信令对 WVphone 之间发起的会话进行呼叫控制,WVphone 软交换软件是 WVphone 之间会话的管理软件,包括基本业务及多媒体业务呼叫的建立、保持、修改和释放等,遵循 RFC 3261标准,即 SIP。

基于 SIP 的 WVphone 软交换软件能直接或间接地对 WVphone 请求和响应报文的路由提供支持,将报文转发到正确的目的地址,完成 WVphone 之间多媒体业务呼叫的建立、保持、修改和释放等。

软交换软件功能需求如下。

呼叫控制和处理功能是 WVphone 软交换软件的重要功能之一,它可以为基本业务/多媒体业务呼叫的建立、保持和释放提供控制功能,支持基本的双方呼叫控制功能和多方呼叫控制功能,多方呼叫控制功能包括多方呼叫的特殊逻辑关系、呼叫成员的加入/退出/隔离/旁听等。

WVphone 软交换软件不仅具有认证与授权功能、地址解析功能,还需提供多种增值业务、智能业务以及资源管理功能,对系统中的各种资源进行集中管理,如资源的分配、释放、配置和控制、资源状态的检测等。

软交换软件开发与运行环境如下。

硬件系统:普通个人计算机。

软件系统平台:Linux OS。

操作人员:普通 PC 用户。

软交换软件系统的分布式结构如图 11.1 所示。

UA 代表一个终端系统(如 WVphone 终端),是用来和用户交互的 SIP 实体。UA 分为两部分,用户代理客户端(UAC)和用户代理服务器(UAS),二者组成用户代理,存在于 WVphone 中。呼叫控制请求发出方称为 UAC,请求接收和处理方称为 UAS。由于 UA 可能发出呼叫,又可能接收呼叫,所以 UA 应该包含一个UAC 程序和一个 UAS 程序。

代理服务器不仅能接收 SIP 消息,还能把消息转发到下一个 SIP 服务器。代理服务器具有履行验证、授权、网络访问控制和路由等功能,在转发请求消息前,代理服务器可以修改消息的部分内容。

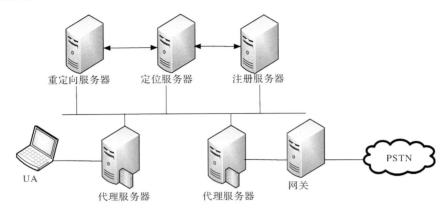

图 11.1　软交换软件系统的分布式结构

重定向服务器(redirect server)提供下一跳的去处给用户,它映射请求地址到零个或多个实际地址。重定向服务器不能接收或终止呼叫,不能初始化自己的 SIP 请求,也不能产生 SIP 响应来定位其他实体。

注册服务器(register server)接收用户的注册请求,它通过定位服务器维护用户的位置。注册服务器与一个代理服务器或一个重定向服务器位于同一台机器,并提供给它们服务,同时也支持验证。

定位服务器(location server)是 Internet 中的公共服务器,其查询可采用多种协议,如 FINGER、LDAP 或基于多播的协议。代理服务器和重定向服务器在确定下一跳服务器时都可能向定位服务器发出查询,定位服务器会返回多个位置信息。

1)系统主要模块

软件整体分为信令解析功能模块、代理服务器功能模块、重定向服务器功能模块、注册服务器功能模块、增值业务功能模块等几大模块。

2)人工处理过程

该软件首次使用时需要对其进行初步配置,当出现不可逆转的错误时需要手动重新启动系统。

11.2　模块详细设计

WVphone 系统软交换软件主要分为五大功能模块:信令解析功能模块、重定向服务器功能模块、注册服务器功能模块、代理服务器功能模块、增值业务功能模块。

11. 2. 1　信令解析功能模块

图 11. 2 所示为信令系统模块设计图,信令系统模块主要由 UI/QTopia、UAC、UAS 三大模块组成。

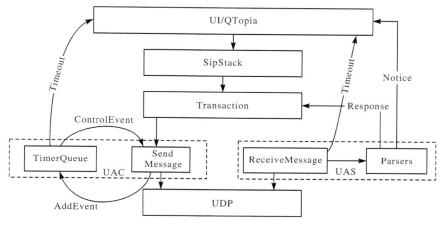

图 11.2　信令系统模块设计图

信令解析功能模块主要分为 UAC 和 UAS 部分,UAC 部分主要通过面向对象信号机制根据用户具体操作调用相应的处理流程;UAS 部分主要通过建立一个监听线程来完成各种 SIP 消息的接收和解析工作。

用户界面(UI)可以操作 SIP 协议栈创建相应的事物。当用户需要发起请求时,通过界面输入相应的信息,然后 SendMessage 模块调用底层协议将消息发送出去,每次发送一个消息就会启动一个计时器,在规定时间内如果没有对发送事件作出响应,就通过 ControlEvent 模块对发送事件进行调节,并通知用户发送失败或者超时等信息。

UAS 的工作是被动完成的,通过监听端口发现是否有新的消息到来,如果有新消息到来,就调用相应的 Parsers 模块对收到的消息进行解析,如果收到的消息只是一种临时性响应的消息,就通过事物状态机 Transaction 查找到相应模块,并对其作出响应。如果收到的消息类型是最终的消息类型,就直接通知用户界面作出相应的处理。如果在接收消息过程中出现异常,就直接通知用户界面接收出现异常。

11. 2. 2　重定向服务器功能模块

重定向服务器收到请求,完成地址解析,将被叫方的地址信息返回呼叫方,让呼叫方直接向下一跳发送请求。重定向服务器结构如图 11.3 所示。

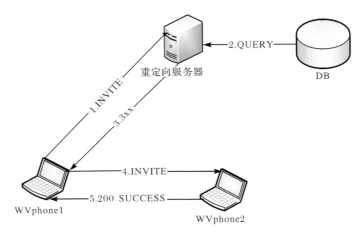

图 11.3　重定向服务器结构图

　　重定向服务器可以与注册服务器结合设计,主要需要保存和获取每个注册过的用户最新的位置信息和为每一个 INVITE 消息提供下一跳路由信息。重定向服务器为每个用户维护着一张联络表,当收到一个 INVITE 消息时,重定向服务器首先根据 INVITE 消息的 Request-Line 中的 Request-URI 和 From 头查找 CONTACT 表,输出一个 CONTACT 列表,这个 CONTACT 列表包含从呼叫者到被呼叫者所要经过的路径信息,然后根据 Via 头所包含的已经过的路径信息决定要返回的消息中所对应包含的 CONTACT 信息。重定向服务器收发功能的实现与代理服务器相似。

　　WVphone1 构造会话请求 INVITE 发送至重定向服务器,重定向服务器根据 To 头域信息查询数据库,并规划出 WVphone1 到达 WVphone2 的规划信息,WVphone1 根据新收到的路由信息重新构造请求信息并向 WVphone2 发送,建立会话。

11.2.3　注册服务器功能模块

　　注册服务器接收 REGISTER 请求,通过请求,客户端告诉整个网络自己现在的可用情况和能力情况。通常,一个注册服务器有一个后端数据库来保存 REGISTER消息中的用户信息。代理服务器对呼叫路由的处理都是利用注册服务器提供的消息,通过注册,将用户的一个全局的身份标识和一个物理位置建立起一种关系。注册服务器结构如图 11.4 所示。

　　注册的过程主要由两部分组成,包括用户代理客户端向注册服务器的请求和注册服务器的响应。注册的实现过程首先是由用户代理客户端向代理服务器发出 REGISTER 请求,并等待服务器返回响应消息。客户端必须在收到前一个

REGISTER 请求的最终响应之前或前一个 REGISTER 请求超时的情况下,才能发送一个新的注册请求。当服务器收到 REGISTER 请求消息时,取出 To 标题头域中的用户地址信息和 CONTACT 头域中的 CONTACT 地址,将它们作为一对绑定保存到相应存储结构或数据库中。然后注册服务器向用户代理客户端回送注册成功消息[1]。

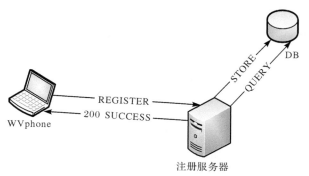

图 11.4　注册服务器结构图

11.2.4　代理服务器功能模块

代理服务器类似于中继器,它本身并不对用户请求进行响应,只是转发用户请求的中继器,然后将自身地址加入该消息的路径,以保证将响应按原路返回并防止环路的发生。代理服务器结构如图 11.5 所示。

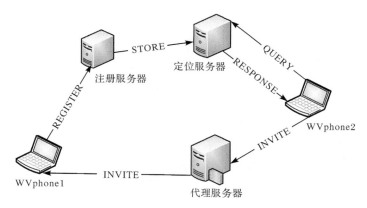

图 11.5　代理服务器结构图

WVphone1 首先向其本地注册服务器请求注册操作,其注册服务器收到注册请求后,执行注册行为,并将 WVphone1 的地址元组存入定位服务器中;WVphone2 用 WVphone1 的公开地址向 WVphone1 发送 INVITE 请求,该请求首先被发送到本域的代理服务器,代理服务器向定位服务器查询 WVphone1 的当前位置,查到后,代理服务器改写请求消息头,按照 WVphone1 的目前地址发送 WVphone2 的请求,如果 WVphone1 接受请求,则会话建立成功,否则失败[2]。

11.2.5　增值业务功能模块

增值业务功能模块利用 IP 系统数据库提供的所有会话详细记录、客户注册信息等开放的接口,为用户提供多种增值业务服务,如计费管理、话单查询、用户留言、来电过滤等。

11.3　系统主要数据结构设计

本部分为软交换软件系统开发所使用的部分数据结构,这部分数据结构在实际开发中仅供参考使用,代码如下:

```
//枚举请求方法
enum request_method{
    METHOD_UNDEF＝0,            //0
    METHOD_INVITE＝1,           //1 ～ 2^0
    METHOD_CANCEL＝2,           //2 ～ 2^1
    METHOD_ACK＝4,              //3 ～ 2^2
    METHOD_BYE＝8,              //4 ～ 2^3
    METHOD_INFO＝16,            //5 ～ 2^4
    METHOD_OPTIONS＝32,         //6 ～ 2^5
    METHOD_UPDATE＝64,          //7 ～ 2^6
    METHOD_REGISTER＝128,       //8 ～ 2^7
    METHOD_MESSAGE＝256,        //9 ～ 2^8
    METHOD_SUBSCRIBE＝512,      //10 ～ 2^9
    METHOD_NOTIFY＝1024,        //11 ～ 2^10
    METHOD_PRACK＝2048,         //12 ～ 2^11
    METHOD_REFER＝4096,         //13 ～ 2^12
    METHOD_PUBLISH＝8192,       //14 ～ 2^13
    METHOD_OTHER＝16384         //15 ～ 2^14
};
//结构体 sip _uri
struct sip_uri{
    str user;      //用户名
```

```
    str passwd;                      //密码
    str host;                        //主机名
    str port;                        //端口号
    str params;                      //参数
    str headers;                     //头域
    unsigned short port_no;          //记录没有转变的端口
    unsigned short proto;            //记录转变的端口
    uri_type type;                   //URI 类型
    str user_param;                  //用户参数
    str maddr;                       //mask 地址
    str method;                      //方法
    str lr;
    str r2;                          //值
    str transport_val;               //记录转变端口的值
    str user_param_val;              //记录用户参数的值
    str maddr_val;                   //记录 mask 地址的值
    str method_val;                  //记录 method 的值
    str lr_val;str r2_val;
};
//结构体 sip_msg
struct sip_msg{
    unsigned int id;                 //消息 id,unique/process
    struct msg_start first_line;     //消息体第一行
    struct via_body * via1;          //via_body 第一个 via
    struct via_body * via2;          //via_body 第二个 via
    struct hdr_field * headers;      //所有已经解析的 headers
    struct hdr_field * last_header;  //指向最后解析的 header
    hdr_flags_t parsed_flag;         //已经解析的头域
    struct hdr_field * h_via1;       //hdr_field 第一个 via
    struct hdr_field * h_via2;       //hdr_field 第二个 via
    struct hdr_field * callid;       //hdr_field 呼叫 ID
    struct hdr_field * to;           //指定请求的"逻辑"接收地址
    struct hdr_field * cseq;         //区分和行为事务的顺序使用
    struct hdr_field * from;         //请求发起者的逻辑标记
    struct hdr_field * contact;      //反续请求的特定 UA 实例的联系方法
```

```
        struct hdr_field * maxforwards;      //限制请求到其他目的地址中间的
        struct hdr_field * route;            //跳转路由
        struct hdr_field * record_route;     //记录路由信息
        struct hdr_field * path;             //记录路径
        struct hdr_field * content_type;     //内容类型
        struct hdr_field * content_length;   //内容长度
        struct hdr_field * authorization;    //认证
        struct hdr_field * expires;          //截止期限
        struct hdr_field * proxy_auth;       //代理 auth
        struct hdr_field * supported;        //支持类型
        struct hdr_field * proxy_require;    //代理请求
        struct hdr_field * unsupported;      //不支持类型
        struct hdr_field * allow;            //允许
        struct hdr_field * event;            //事件
        struct hdr_field * accept;           //接收
        struct hdr_field * accept_language   //接收的语言类型
        struct hdr_field * organization;
        struct hdr_field * priority;         //优先级
        struct hdr_field * subject;          //事件对象
        struct hdr_field * user_agent;       //用户代理
        struct hdr_field * content_disposition;
        struct hdr_field * accept_disposition;
        struct hdr_field * diversion;        //转发
        struct hdr_field * rpid;
        struct hdr_field * refer_to;
        struct hdr_field * session_expires;  //会话截止期限
        struct hdr_field * min_se;
        struct hdr_field * ppi;
        struct hdr_field * pai;
        struct hdr_field * privacy;
        struct sdp_info * sdp;               //SDP 消息
        char * eoh;                          //指向头或空指针结尾
        char * unparsed;                     //停止解析
        struct receive_info rcv;             //源/目的 ip、ports、proto a.s.o
        char * buf;
```

```
    unsigned int len; //最初信息长度
    //变更
    str new_uri; //新的 URI
    str dst_uri; //目的 URI
    //当前 URI
    int parsed_uri_ok;                      //解析 URI 成功标识
    struct sip_uri parsed_uri;              //解析 URI
    int parsed_orig_ruri_ok;                //解析初始 URI 成功标识
    struct sip_uri parsed_orig_ruri; //解析初始 URI
    struct lump * add_rm;                   //指向所有的面的请求/回复
    struct lump * body_lumps;               //lumps 更新 Content-Length
    struct lump_rpl * reply_lump;     //只针对当前产生的信息进行回复
    char add_to_branch_s[MAX_BRANCH_PARAM_LEN];
    int add_to_branch_len;                  //添加分支长度
    unsigned int msg_flags;                 //消息的标识
    str set_global_address;                 //设置全局地址
    str set_global_port;                    //设置全局端口
    //在 socket 上强制发送
    struct socket_info * force_send_socket;
    str path_vec;                           //path 向量
};
//结构体消息开始
struct msg_start{
    int type;                    //请求/响应类型
    int len;
    union {
        struct{
            str method;          //方法
            str uri;             //请求 URI
            str version;         //SIP 版本
            int method_value;
        } request;
        struct{
            str version;         //SIP 版本
            str status;          //回复状态
```

```
            str reason;             //回复原因解析
            unsigned int            /* 状态标记 */ statuscode;
        } reply;
    }u;
};
//结构体 header_field_type hdr_field
struct hdr_field{
    hdr_types_t type;               //头域类型
    str name;                       //头域名
    str body;                       //头域体
    int len;
    void* parsed;                   //解析的数据结构体
    struct hdr_field* next;         //指向表中下一个头域的指针
    struct hdr_field* sibling;      //指向下一个相同类型的指针
};
//结构体 ip_addr
struct ip_addr{
    unsigned int af;unsigned int len;
    union {
        unsigned long  addrl[16/sizeof(long)];
        unsigned int   addr32[4];
        unsigned short addr16[8];
        unsigned char  addr[16];
    }u;
};
//结构体 net
struct net{
    struct ip_addr ip;    //IP 地址
    struct ip_addr mask;  //IP mask 地址
};
//结构体 sockaddr_union
union sockaddr_union{
        struct sockaddr s;          //定义 sockaddr 结构体变量 s
        struct sockaddr_in  sin;    //定义 sockaddr_in 结构体变量 sin
    #ifdef USE_IPV6
```

```
            struct sockaddr_in6 sin6;
        #endif
};
enum si_flags { SI_NONE=0,SI_IS_IP=1,SI_IS_LO=2,SI_IS_MCAST=4 };
//结构体 socket_info
struct socket_info{
    int socket;
    str name;                    //!< name — eg.:foo.bar or 10.0.0.1
    struct ip_addr address;   //IP 地址
    str address_str;             //将 IP 地址转成 string 类型,用于优化
    unsigned short port_no;   //端口号码
    str port_no_str;             //将端口号码转成 string 类型,用于优化
    enum si_flags flags;         //SI_IS_IP | SI_IS_LO | SI_IS_MCAST
    union sockaddr_union su;
    int proto;                   //协议类型 TCP/UDP
    str sock_str;
    struct socket_info * next; //指向下一个 socket 消息
    struct socket_info * prev; //指向上一个 socket 消息
};
//结构体 receive_info
struct receive_info{
    struct ip_addr src_ip;
    struct ip_addr dst_ip;
    unsigned short src_port; //源主机字节顺序
    unsigned short dst_port; //目的主机字节顺序
    int proto;
    int proto_reserved1;      //TCP 存储连接的标识
    int proto_reserved2;      //UDP 存储连接的标识
    union sockaddr_union src_su;
    struct socket_info * bind_address; //已经接收消息的 sock_info 结构
};
//结构体 dest_info
struct dest_info{
    int proto;
    int proto_reserved1; //TCP 存储连接的标识
```

```
    union sockaddr_union to;
    struct socket_info * send_sock;
};
//结构体 socket_id
struct socket_id{
    char * name;
    int proto; //协议类型
    int port;  //端口号
    struct socket_id * next;
};
//枚举 sip_protos
enum sip_protos{PROTO_NONE,PROTO_UDP,PROTO_TCP,PROTO_TLS,PROTO_SCTP };
enum si_flags{SI_NONE=0,SI_IS_IP=1,SI_IS_LO=2,SI_IS_MCAST=4};
```

11.4 软件主要工作流程

WVphone 软交换软件整体工作流程如图 11.6 所示,软交换软件整体流程图描述如下。

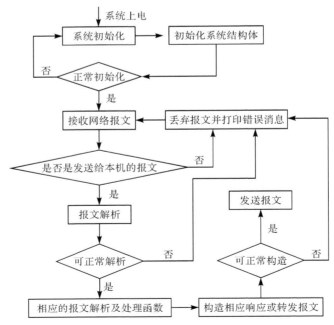

图 11.6 WVphone 软交换软件工作流程图

（1）系统进行初始化，成功初始化后接收报文。

（2）系统判断是否为本机应该收到的报文，如果是则进行报文解析，并判断是否正确解析报文。如果正常解析报文，则调用相应的函数处理报文信息，转到步骤（4），否则转到步骤（3）。

（3）丢弃报文。

（4）判断是否能正常构造函数，若能则发送报文，否则转到步骤（3）。

注册流程如图 11.7 所示，注册步骤如下。

（1）用户首次呼叫时，WVphone 向代理服务器发送注册请求消息；代理服务器通过后端数据库查询用户信息，如果不在数据库中，就向 WVphone 回送查询信息，提示用户输入其标识和密码后，将认证信息回送给代理服务器。

（2）代理服务器通过后端数据库查询其合法后，将该用户信息登记到用户数据库中，并向 WVphone 返回确认消息。

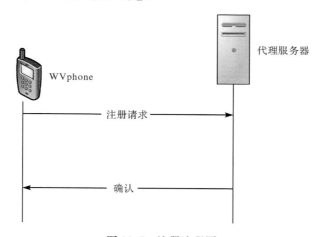

图 11.7　注册流程图

注销流程如图 11.8 所示，注销过程如下。

（1）WVphone 终端向代理服务器发送注销请求。

（2）代理服务器收到后回送确认响应，并将数据库中的用户有关信息注销。

呼叫建立过程如图 11.9 所示，呼叫建立的步骤如下。

（1）WVphone1 向代理服务器发起一个呼叫请求，请求中包含 WVphone1 所支持的媒体流描述信息。

（2）代理服务器向 WVphone2 转发呼叫请求。

（3）WVphone2 摘机后，向代理服务器返回表示响应请求的应答，如果 WVphone2 既不想发送也不想接收主叫提出的某个媒体流，则可在其响应请求的媒体流描述中将该端口号置为 0，并回送 WVphone2 所支持的媒体描述信息。

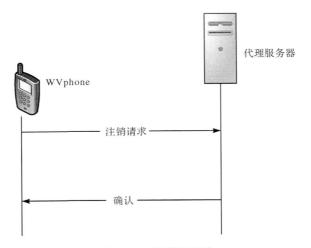

图 11.8　注销流程图

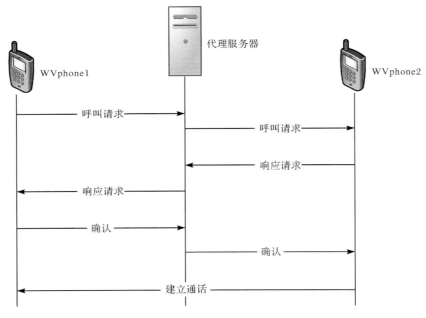

图 11.9　呼叫建立过程图

（4）代理服务器向 WVphone1 转发响应请求的应答。

（5）WVphone1 收到消息后，向代理服务器发送确认信息。

（6）代理服务器向 WVphone2 转发确认信息。

（7）主被叫之间建立通信连接，开始通话[3,4]。

11.5　本章小结

　　WVphone 终端所需要的软交换软件作为 WVphone 系统的一部分,在整个 WVphone 系统运行中起着协调的灵魂作用。它能直接或间接地对可视电话的请求和响应报文的路由提供支持,将报文转发到正确的目的地址,完成 WVphone 终端之间多媒体业务呼叫的建立、保持、修改和释放等操作,为 WVphone 系统的正常会话提供支持。

　　系统开发仍需解决问题:随着该软件的不断发展和应用,还可以增加语音邮箱、人工服务器交互及呼叫限制等附加服务功能。另外,该软件在互操作性、可维护性等方面还有需要改进的地方。

参 考 文 献

[1] 蒋贵全,龙昭华. VoWLAN 终端原理及 WLAN 组网. 北京:国防工业出版社,2009.

[2] 国家质量技术监督局. GB/T17900—1999 网络代理服务器的安全技术要求,2004.

[3] 林远华. 无线局域网视频实时传输系统的设计与实现. 重庆:重庆大学硕士学位论文,2010.

[4] 尹超超. H.264 帧内预测算法研究及其在可视电话软终端中的应用. 重庆:重庆大学硕士学位论文,2011.

第 12 章 　 WVphone 测试评价与发展趋势

12.1 　 系 统 测 试

WVphone 系统设计与实现后,需要对 WVphone 系统进行是否符合《无线局域网可视电话技术规范》标准和可靠性等基本功能的测试。测试与调试在整个开发过程中占据了很大的工作量。通过不断地测试发现了很多问题,并及时进行了修改。有一些参数也需要通过不断地测试才能找到适合的最佳值。测试内容主要包括功能测试、性能测试和信令流程测试三方面。对于一个新开发的系统,需要测试的内容包含多方面,本书作为原理性的描述,在此只介绍几个关键性的测试,其他一些测试场景与测试参数请参考《无线局域网可视电话测试指南》[1]标准。

12.2 　 测试工具及环境

测试工具和环境主要包括 WVphone 终端、无线 AP、SIP 服务器、Ethereal 抓包软件、PC、X-Lite 软电话等,具体需求如表 12.1 所示。

表 12.1 　 测试工具清单

测试工具	型号、配置和作用
WVphone 终端	主要测试对象
PC	个人计算机,安装 SIP 服务器和 X-Lite
AP	无线接入点,符合 IEEE 802.11b/g 无线标准
Ethereal	一种免费的网络协议检测程序,支持 Linux 和 Windows 操作系统。它能够对许多协议进行分析,这里主要利用其对 SIP 数据包进行分析,以检测呼叫过程中 SIP 消息的正确性
airodump	功能与 Ethereal 软件一样,但配合硬件无线网卡可以抓取无线网络数据包
X-Lite	一种支持 SIP 的软电话
OnDo	一种可以在 Windows 操作系统下安装的 SIP 服务器
WVphone	WVphone 终端

首先在一个比较理想的局域网内进行测试,测试环境如图 12.1 所示。

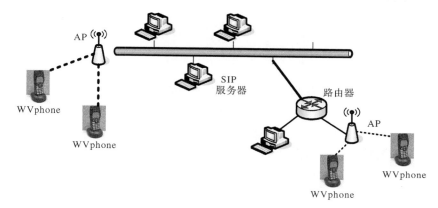

图 12.1　WVphone 终端测试环境

12.3　测 试 过 程

WVphone 系统测试主要针对以下三方面。

(1) 功能测试,测试终端能否进行正常的音视频通话。

(2) 性能测试,由于音视频编码对于 WVphone 业务而言影响较大,实际开发中,应根据测试的效果改进相应的编码参数或进行音视频编码优化。

(3) 信令流程测试,WVphone 采用 SIP 进行会话的建立与释放,SIP 流程的执行成功与否,对于音视频通话而言至关重要,因此,有必要进行信令流程的测试,以保证整个会话过程建立的正确性。

12.3.1　信令流程测试

会话建立过程测试主要是为了保证 SIP 流程的执行完全正确,确保终端能够实现互连通话。同上进行测试也需要预设一定的条件,在一定条件下完成格式过程。预设的条件为用于测试的 WVphone 终端和 SIP 服务器能够正常工作。在此条件下,信令的流程主要分为两部分,需对每一部分进行分析。

1) 认证注册过程

认证注册过程首先由 WVphone 终端向服务器发出一个 REGISTER 请求,请求中包含了用户的 CONTACT 信息。接着服务器向客户端发起呼叫,客户端根据服务器的要求把自己的信息进行加密,放在响应消息中发送给服务器。服务器对该用户进行验证,如果注册成功,则返回 200 OK 消息。对于认证注册不成功的情况,开始过程与成功的情况相同,当经过服务器验证,其身份不正确时,会再次返回 401 Unauthorized 消息表示未通过认证。

2）呼叫建立过程

成功建立呼叫的过程包括从呼叫发起方发起呼叫，到被叫方返回接收呼叫消息，建立呼叫的整个过程。

呼叫不成功可能有以下几种情况。

被叫用户不存在：服务器找不到被叫用户的信息，返回 404 Not Found 消息。

被叫无应答：被叫端产生振铃，但无人应答呼叫，最终主叫方主动挂断电话。

被叫忙：被叫用户占线，返回 486 Busy Here 消息。

呼叫链接拆断过程：包括通话的任何一方首先发出拆断请求，对方接收到请求后，返回 200 OK 消息表示确认。

12.3.2 基本功能测试

1. 点对点实时双向音视频通话

进行音视频功能测试首先要进行预置条件的设置，确保相关测试设备的预置条件的正确性是进行成功测试的前提，主要的预设条件如下。

（1）用于测试的相关服务器和网络设备运行正常，同时两个终端通过无线 AP 能够实现如图 12.1 所示的互通。

（2）两个 WVphone 终端能够完成正常的 SIP 呼叫控制，建立会话。

完成测试环境的预置条件检查后，将进行系统的功能测试，具体步骤如下。

（1）测试环境中的一个终端呼叫另外一个终端，终端首先利用 SIP 建立会话，之后发起音视频会话。

（2）当另外一个终端收到呼叫信号时，进行应答处理，从而进行正常的系统测试。被呼叫的终端接收应答后，监听两个终端的声音信息，同时观察两个终端的视频信息，以确定是否满足要求。

双向音视频通话功能测试可能有以下几种情况。

（1）两个终端功能完好，实现正常的音视频通话，且满足用户的感官和听觉要求。

（2）两个终端都没有音视频信息。

（3）其中一个终端有视频信息却没有音频信息或是有音频信息却没有视频信息。

（4）两个终端都有音视频信息，但是其音频质量或是视频质量有问题或二者都有问题。

根据上述 4 种情况，针对第（2）～（4）种情况，首先应考虑网络的状态信息，网络对于音视频这种业务而言，是否提供了可供支撑的带宽，并对网络的传输进行研究。其次,针对音视频编解码进行测试。

2. 点对点实时双向音频通话

进行音频功能测试需要预设的条件和音视频功能测试相同,只是在呼叫建立之后,主要进行音频质量的监听。对于音频质量的好坏,具体的测试与要求如下。

评判语音质量传统上主要采用 ITU P.800 中的 MOS(mean opinion score)指标。ITU P.800 标准解释了在不同的时延和数据丢失的情况下人对通话的反应。时延、抖动和丢包等网络环境主要是在 Linux 下用便携式计算机安装 Nisnet 软件,人为地设置时延、抖动和丢包等参数以模仿实际网络状况。

1) 时延对语音质量的影响

首先在服务器上安装 WVphone 软终端,其作用是在收到语音数据包后人为延迟一段时间后回送给 WVphone 终端。测试时,调节 Nisnet 的时延参数,从 0ms 开始,不断增加参数值来测试时延对语音质量的影响程度,如表 12.2 所示。

表 12.2　时延对语音质量的影响

时延参数/ms	MOS 语音质量
<150	通话正常,无延迟
150	通话稍滞后,感觉到延迟开始影响通话效果
250	语音延迟比较明显

结果显示,时延在小于 250ms 的 IP 网络中可以满足 WVphone 语音传输。

2) 抖动对语音质量的影响

软终端配合 Nisnet 每收到一个语音包后随机延时一段时间,然后把语音包送回给 WVphone 终端。测试时,最大抖动时延从 0ms 开始,参数值不断增加,测试结果如表 12.3 所示。

表 12.3　抖动对语音质量的影响

最大抖动/ms	MOS 语音质量
<130	语音质量不受影响
130	语音偶尔断续,可以通话
200	语音质量明显较差

结果显示,抖动在 0～130ms 范围内变化时,抖动对语音质量没有产生明显的影响,可以正常通话。

3) 丢包对语音质量的影响

利用 Nisnet 将一部分语音包丢掉,并不回送给 WVphone 终端所有语音包,丢掉的语音包长设为 5ms,测试结果如表 12.4 所示。

表 12.4　丢包对语音质量的影响

丢包率/%	MOS 语音质量
<6	不受影响
10	受影响,但通话质量良好
20	明显变差,通话中断续明显

结果显示,丢包率低于 6% 时 IP 网络可以正常进行语音通话,但超过 20% 丢包率时,必将影响 WVphone 终端的使用效果,很难被用户接受。

12.3.3　音视频编解码测试

进行音视频编解码测试首先要进行预置条件的设置,确保相关测试设备的预置条件的正确性是进行成功测试的前提,主要的预设条件如下。

(1) 用于测试的相关服务器和网络设备运行正常,同时两个终端通过无线 AP 能够实现如图 12.1 所示的互通。

(2) 两个 WVphone 终端能够完成正常的 SIP 呼叫控制,建立会话。

(3) 进行音视频编解码的一个重要前提是通信测试的双方使用相同的音视频编解码格式和规范,否则双方的测试必然失败。

完成测试环境的预置条件检查后,将进行系统的功能测试,具体步骤如下。

(1) 测试环境中的一个终端呼叫另外一个终端,终端首先利用 SIP 建立会话,之后发起音视频会话过程。

(2) 当另外一个终端收到呼叫信号后,进行应答处理,从而进行正常的系统测试。被呼叫的终端接收应答后,同时观察两个终端的音视频信息,以确定音视频质量的级别。

视频质量的评价主要采用 ITU-RBT. 500-7 标准中定义的图像质量主观评价方法对观察的图像进行主观评分。ITU-RBT. 500-7 标准中定义的图像质量主观评价方法如表 12.5 所示。

表 12.5　视频 MOS 级别标准

级别	用户满意度
5(优)	很好:图像质量高,与原图像相比看不出区别
4(良)	较好:图像质量高,观察舒服,干扰少
3(中)	还可以:图像质量还可以,有干扰,但不影响观察
2(差)	勉强:图像质量较差,对观察有一定影响
1(劣)	极差:图像质量很差,视频基本不能使用

根据表 12.5 所示的视频主观评价标准,开发者给出自己的评价,根据评价进行相应的修改。

12.4　WVphone 发展趋势与标准

1) WVphone 的发展趋势

早在 20 世纪 50～60 年代就有人提出可视电话的概念,认为应该利用电话线传输语音的同时传输图像。1964 年,美国贝尔实验室正式提出可视电话的相关方案。但是,由于传统网络和通信技术条件的限制,可视电话研究一直没有取得实质性进展。直到 20 世纪 80 年代后期,随着芯片技术、传输技术、数字通信、视频编解码技术和集成电路技术的不断发展并日趋成熟,适合商用和民用的可视电话才得以“浮出水面”,走进人们的视野。而如今,随着手机操作系统的发展,3G/4G 网络的快速发展,可视电话的应用得到了一定的推广,但可视电话市场经过长达几十年的研制和发展仍基本停留在书本上,未能获得大规模应用。

3G/4G 网络与互联网的合并,催生了移动互联网及移动互联网的视频聊天,一定程度上体现了可视电话的愿景。但 3G/4G 众所周知的集中运营模式,使得移动互联网视频聊天用户在话费、使用灵活性等方面有所不满。

WLAN 的“最后 100 米”不分地域接入等优势,为 WVphone 的市场需求提供了发展动力。WVphone 从概念提出到技术开发,经历了种种坎坷和曲折。

WVphone 系统的发展趋势可能是:在发挥“最后 100 米”接入优势的前提下,与“3G/4G 网络＋互联网”进行深度融合,但目前国内外尚没有相关技术标准。

2) 与 3G/4G 融合互通标准的缺失

不论 3G 还是正在推广的 4G 技术,都已经对公众使用可视电话产生了积极的促进作用。不断提高的带宽,不断优化的 3G/4G 网络,都为可视电话的发展打下了重要基础。但 WLAN 的“最后 100 米”接入优势是 3G/4G 网络无法代替的。

WVphone 系统与 3G/4G 网络的深度融合,被定位在 WLAN 802.11 系列标准的数据链路层,与 3G/4G 网络的电路域的融合,可能性和难度是很大的。业界有观点认为,“WLAN＋3G/4G＋互联网”融合格局是比较现实的研发思路,下面列出相关技术标准资料。

(1) 中华人民共和国通信行业标准《数字蜂窝移动通信网电路域可视电话业务要求》。

(2) 中国移动通信企业标准《中国移动视频类业务——TD SCDMA 终端技术规范》等标准。

本书讨论的 WVphone 系统实现了“WLAN＋互联网”的深度融合。与 3G/4G 的融合,需要读者的共同参与探索。

12.5　本 章 小 结

　　本章讨论了 WVphone 的测试评价与发展趋势。WVphone 系统在实际开发中使用了多种技术,对于每种技术在测试的过程中都有必要进行单独测试,以保证整个软件运行的流畅性。作者所在团队结合多年对相关技术的研究,在开发WVphone 系统的基础上,对 WVphone 系统进行了较为全面的测试,部分测试过程已在本章中描述。在多次测试与分析的基础上,研发团队根据国家 WLAN 产业发展要求,撰写了《无线局域网可视电话测试指南》,并经过我国工业和信息化部无线宽带 IP 标准工作组批准发布,感兴趣的读者可以参考该指南标准。

参 考 文 献

[1] 工业与信息化部宽带无线工作组. CBWIPS-Z 008—2012 无线局域网可视电话测试指南. 2012.

附录 802.11 标准缩略语

　　WLAN 802.11 标准涉及的缩略语如下表所示。作者在研发 WVphone 系统过程中的经验证明，精确理解 802.11 标准的缩略语(以及术语)的内涵，是开发基于 802.11 标准技术相关应用系统的基础；也是在应用系统中极大地发挥 802.11 自身技术性能的关键。为了便于读者精确地理解这些缩略语的含义，表中列出的所有缩略语为英文原文，读者可自行对应相关知识背景进行理解。

缩略语	原文	缩略语	原文
3GPP	3rd generation partnership project	AA	authenticator address
AAA	authentication, authorization and accounting	AAD	additional authentication data
AC	access category	ACI	access category index
ACK	acknowledgment	ACM	admission control mandatory
ACU	admission control unit	ADDBA	add block acknowledgment
ADDTS	add traffic stream	AES	advanced encryption standard
AES-128-CMAC	advanced encryption standard (with 128bit key) cipher-based message authentication code	AFC	automatic frequency control
AGC	automatic gain control	AID	association identifier
AIFS	arbitration interframe space	AIFSN	arbitration interframe space number
AKM	authentication and key management	AKMP	authentication and key management protocol
AMPE	authenticated mesh peering exchange	A-MPDU	aggregate MAC protocol data unit
A-MSDU	aggregate MAC service data unit	ANonce	authenticator nonce
ANIPI	average noise plus interference power indicator	ANPI	average noise power indicator
ANQP	access network query protocol	AP	access point
APSD	automatic power save delivery	ARP	address resolution protocol
AS	authentication server	ASEL	antenna selection
ASN. 1	abstract syntax notation one	ASRA	additional step required for access
ATI	announcement transmission interval	ATIM	announcement traffic indication message

缩略语	原文	缩略语	原文
AV	audio visual	AWV	antenna weight vector
BA	block acknowledgment	BAR	block acknowledgment request
BC	beam combining	BCC	binary convolutional code
BCU	basic channel unit	BF	beam forming
BHI	beacon header interval	BIP	broadcast/ multicast integrity protocol
BPSK	binary phase shift keying	BRP	beam refinement protocol
BRPIFS	beam refinement protocol interframe space	BSA	basic service area
BSS	basic service set	BSSID	basic service set identifier
BT	bit time	BTI	beacon transmission interval
BU	bufferable unit	BW	band width
CAP	controlled access phase	CAQ	channel availability query
CBAP	contention based access period	CBC	cipher-block chaining
CBP	contention based protocol	CBC-MAC	cipher-block chaining message authentication code
CCA	clear channel assessment	CCK	complementary code keying
CCM	CTR with CBC-MAC	CCMP	CTR with CBC-MAC protocol
CCSR	centralized coordination service root	CCSS	centralized coordination service set
CF	contention free	CFP	contention free period
C-MPDU	coded MPDU	CP	contention period
C-PSDU	coded PSDU	CPHY	control physical layer
CRC	cyclic redundancy code	CS	carrier sense
CSD	cyclic shift diversity	CSI	channel state information
CSM	channel schedule management	CSMA/CA	carrier sense multiple access with collision avoidance
CTR	counter mode	CTS	clear to send
CTS1	clear to send 1	CTS2	clear to send 2
CVS	contact verification signal	CW	contention window
DA	destination address	DBPSK	differential binary phase shift keying
DCF	distributed coordination function	DCLA	DC level adjustment
DEI	drop eligibility indicator	DELBA	delete block acknowledgment
DELTS	delete traffic stream	DFS	dynamic frequency selection

续表

缩略语	原文	缩略语	原文
DFT	discrete Fourier transform	DIFS	distributed(coordination function)interframe space
DLL	data link layer	DL-MU-MIMO	downlink multi-user multiple input,multiple output
DLS	direct link setup	DLTF	data long training field
DMG	directional multi-gigabit	DMS	directed multicast service
DMSID	directed multicast service identifier	DN	destination network
DO	DFS owner	Dp	desensitization
DQPSK	differential quadrature phase shift keying	DR	data rate
DS	distribution system	DSCP	differentiated services code point
DSE	dynamic station enablement	DSM	distribution system medium
DSS	distribution system service	DSSDU	distribution system service data unit
DSSS	direct sequence spread spectrum	DST	daylight saving atime
DTI	data transfer interval	DTIM	delivery traffic indication map
DTP	dynamic tone pairing	EAP	extensible authentication protocol (IETF RFC 3748—2004 [B38])
EAPOL	extensible authentication protocol over LAN(IEEE Std 802.1X—2010)	EAS	emergency alert system
EBR	expedited bandwidth request	ECAPC	extended centralized AP or PCP cluster
ECS	extended channel switching	ED	energy detection
EDCA	enhanced distributed channel access	EDCAF	enhanced distributed channel access function
EDT	eastern daylight time	EHCC	extended hyperbolic congruence code
EIFS	extended interframe space	EIRP	equivalent isotropically radiated power
ELTF	extension long training field	EOF	end-of-frame
EOSP	end of service period	ERP	extended rate PHY
ERP-CCK	extended rate PHY using CCK modulation	ERP-DSSS	extended rate PHY using DSSS modulation
ERP-DSSS/CCK	extended rate PHY using DSSS or CCK modulation	ERP-OFDM	extended rate PHY using OFDM modulation

缩略语	原文	缩略语	原文
ESA	extended service area	ESR	emergency services reachable
ESS	extended service set	EST	eastern standard time
EVM	error vector magnitude	FCS	frame check sequence
FD-AF	full-duplex amplify-and-forward	FEC	forward error correction
FER	frame error ratio	FFC	finite field cryptography
FFT	fast Fourier transform	FIFO	first in first out
FMS	flexible multicast service	FMSID	flexible multicast stream identifier
FOV	field of view	FSM	finite state machine
FST	fast session transfer	FSTS	fast session transfer session
FT	fast BSS transition	FTAA	fast BSS transition authentication algorithm
FTE	fast BSS transition element	FTO	fast BSS transition originator
GANN	gate announcement	GAS	generic advertisement service
GATS	group addressed transmission service	GCM	Galois/counter mode
GCMP	Galois/counter mode with GMAC protocol	GCMP	Galois counter mode protocol
GCR	groupcast with retries	GCR-SP	groupcast with retries service period
GDB	geolocation database	GDD	geolocation database dependent
GFSK	Gaussian frequency shift key(or keying)	GI	guard interval
GID	group identifier	GMAC	Galois message authentication code
GMK	group master key	GNonce	group nonce
GPRS	general packet radio service	GP	grant period
GPS	global positioning system	GQMF	group addressed quality-of-service management frame
GTK	group temporal key	GTKSA	group temporal key security association
HC	hybrid coordinator	HCC	hyperbolic congruence code
HCCA	HCF controlled channel access	HCF	hybrid coordination function
HD-DF	half-duplex decode-and-forward	HEC	header error check
HEMM	HCCA,EDCA mixed mode	HESSID	homogenous extended service set identifier

续表

缩略语	原文	缩略语	原文
HIPERLAN	high-performance radio local area network	HPA	high power amplifier
HR/DSSS	high rate direct sequence spread spectrum using the long preamble and header	HR/DSSS/Short	high rate direct sequence spread spectrum using the optional short preamble and header mode
HT	high throughput	HTC	high throughput control
HT-GF-STF	high throughput greenfield short training field	HT-SIG	high throughput signal field
HT-STF	high throughput short training field	HWMP	hybrid wireless mesh protocol
HWMPSN	hybrid wireless mesh protocol sequence number	IBSS	independent basic service set
ICMP	Internet control message protocol	ICV	integrity check value
IDFT	inverse discrete Fourier transform	IFFT	inverse fast Fourier transform
IFS	interframe space	IGTK	integrity group temporal key
IGTKSA	integrity group temporal key security association	IMP	intermodulation protection
INonce	initiator nonce	IPI	idle power indicator
IPN	IGTK packet number	IQMF	individually addressed quality-of-service management frame
I/Q	in phase and quadrature	ISM	industrial, scientific and medical
ISS	initiator sector sweep	I-TXSS	initiator TXSS
IUT	implementation under test	IV	initialization vector
KCK	EAPOL-key confirmation key	KDE	key data encapsulation
KDF	key derivation function	KEK	EAPOL-key encryption key
LAN	local area network	LBIFS	long beamforming interframe space
LCI	location configuration information	LDPC	low-density parity check
LED	light-emitting diode	LFSR	linear feedback shift register
LGR	legendre symbol	LLC	logical link control
L-LTF	non-HT long training field	LME	layer management entity
LNA	low noise amplifier	LRC	long retry count
LP	low power	LSB	least significant bit
L-SIG	non-HT signal field	L-STF	non-HT short training field

续表

缩略语	原文	缩略语	原文
LTF	long training field	MAC	medium access control
MAC_I	initiator MAC address	MAC_P	peer MAC address
MAF	MCCA access fraction	MBCA	mesh beacon collision avoidance
MBIFS	medium beamforming interframe space	MBSS	mesh basic service set
MCCA	MCF controlled channel access	MCCAOP	MCF controlled channel access opportunity
MCF	mesh coordination function	MCS	modulation and coding scheme
MDE	mobility domain element	MDID	mobility domain identifier
MFB	MCS feedback	MFPC	management frame protection capable
MFPR	management frame protection required	MFSI	MCS feeback sequence identifier
MGTK	mesh group temporal key	MIB	management information base
MIC	message integrity code	MID	multiple sector identifier
MIDC	multiple sector identifier capture	MIH	media-independent handover
MIMO	multiple input, multiple output	MLME	MAC sublayer management entity
MLPP	multi-level precedence and preemption	MME	management MIC element
MM-SME	multiple MAC station management entity	MMPDU	MAC management protocol data unit
MMS	multiple MAC sublayers	MSI	MRQ sequence identifier
MMSL	multiple MAC sublayers link	MPDU	MAC protocol data unit
MPM	mesh peering management	MPSP	mesh peer service period
MRQ	MCS request	MSB	most significant bit
MSDU	MAC service data unit	MSGCF	MAC state generic convergence function
MSK	master session key	MTK	mesh temporal key
MU	multi-user	MU-MIMO	multi-user multiple input, multiple output
N/A	not applicable	NAI	network access identifier
NAS	network access server	NAV	network allocation vector
NCC	network channel control	NDP	null data packet
NonERP	nonextended rate PHY	NSS	number of spatial streams
NTP	network time protocol (IETF RFC 1305—1992 [B25])	OBSS	overlapping basic service set

缩略语	原文	缩略语	原文
OCB	outside the context of a BSS	OCT	on-channel tunneling
OFDM	orthogonal frequency division multi-plexing	OI	organization identifier
OSI	open systems interconnection (ISO/IEC 7498-1:1994)	OUI	organizationally unique identifier
PAE	port access entity(IEEE 802.1X—2010)	PBAC	protected block ack agreement capable
PBSS	personal basic service set	PC	point coordinator
PCF	point coordination function	PCP	PBSS control point
PCPS	PBSS control point service	PCO	phased coexistence operation
PDU	protocol data unit	PER	packet error fatio
PERR	path error	PHB	per-hop behavior
PHY	physical layer	PHYCS	PHY carrier sense
PHYED	PHY energy detection	PICS	protocol implementation conformance statement
PIFS	point(coordination function)interframe space	PLME	physical layer management entity
PLW	PSDU length word	PMK	pairwise master key
PMK-R0	pairwise master key,first level	PMK-R1	pairwise master key,second level
PMKID	pairwise master key identifier	PMKSA	pairwise master key security association
PN	packet number	PN	pseudo noise(code sequence)
PNonce	peer nonce	PP	polling period
PPA-MSDU	payload protected aggregate MAC service data unit	PPDU	PHY protocol data unit
PREP	path reply	PREQ	path request
PRF	pseudorandom function	PRNG	pseudo random number generator
PS	power save(mode)	PSAP	public safety answering point
PSDU	PHY service data unit	PSF	PHY signaling field
PSK	preshared key	PSM	power save mode
PSMP	power save multi-poll	PSMP-DTT	power save multi-poll downlink transmission time

缩略语	原文	缩略语	原文
PSMP-UTT	power save multi-poll uplink transmission time	PTI	peer traffic indication
PTK	pairwise transient key	PTKSA	pairwise transient key security association
PTP TSPEC	peer-to-peer traffic specification	PWE	password element of an ECC group
PXU	proxy update	PXUC	proxy update confirmation
QAB	quieting adjacent BSS	QACM	QMF access category mapping
QAM	quadrature amplitude modulation	QBPSK	quadrature binary phase shift keying
QLDRC	QoS long drop-eligible retry counter	QLRC	QoS long retry counter
QMF	quality-of-service management frame	QoS	quality of service
QPSK	quadrature phase shift keying	QSDRC	QoS short drop-eligible retry counter
QSRC	QoS short retry counter	R0KH	PMK-R0 key holder in the authenticator
R0KH-ID	PMK-R0 key holder identifier in the authenticator	R1KH	PMK-R1 key holder in the authenticator
R1KH-ID	PMK-R1 key holder identifier in the authenticator	RA	receiver address or receiving station address
RADIUS	remote authentication dial-in user service(IETF RFC 2865—2000[B31])	RANN	root announcement
RAV	resource allocation vector	RCPI	received channel power indicator
RD	reverse direction	RDE	RIC data element
RDG	reverse direction grant	RDS	relay DMG STA
REDS	relay endpoint DMG STA	RF	radio frequency
RFC	request for comments	RIC	resource information container
RIFS	reduced interframe space	RLAN	radio local area network
RLQP	registered location query protocol	RLSS	registered location secure server
RLS	relay link setup	ROC	relay operation type change
RPI	receive power indicator	RRB	remote request broker
RSC	receive sequence counter	RSN	robust security network
RSNA	robust security network association	RSNE	robust security network element
RSNI	received signal to noise indicator	RSPI	receiver service period initiated
RSS	responder sector sweep	RSSI	receive signal strength indicator

续表

缩略语	原文	缩略语	原文
RTS	request to send	RTT	round trip time
R-TXSS	responder TXSS	RX	receive or receiver
RXASSI	receive antenna selection sounding indication	RXASSR	receive antenna selection sounding request
RXSS	receive sector sweep	S0KH	PMK-R0 key holder in the supplicant
S0KH-ID	PMK-R0 key holder identifier in the supplicant	S1KH	PMK-R1 key holder in the supplicant
S1KH-ID	PMK-R1 key holder identifier in the supplicant	SAP	service access point
S-AP	synchronization access point	S-APSD	scheduled automatic power save delivery
S-PCP	synchronization PBSS control point	SA	source address
SA	security association query	SAE	simultaneous authentication of equals
SBIFS	short beamforming interframe space	SC	single carrier
SCA	secondary channel above	SCB	secondary channel below
SCN	no secondary channel	SCS	stream classification service
SCSID	stream classification service identifier	SDL	specification and description language
SDU	service data unit	SEMM	SPCA-EDCA mixed mode
SFD	start frame delimiter	SKCK	STSL key confirmation key
SKEK	STSL key encryption key	SI	service interval
SIFS	short interframe space	SLRC	station long retry count
SLS	sector-level sweep	SM	spatial multiplexing
SME	station management entity	SMK	STSL master key
SMKSA	STSL master key security association	SMT	station management
SNAP	sub-network access protocol	SNonce	supplicant nonce
SNR	signal-to-noise ratio	SP	service period
SPA	supplicant address	SPCA	service period channel access
SPP	A-MSDU signaling and payload protected aggregate MAC service data unit	SPR	service period request
SPSH	spatial sharing	SQ	signal quality (PN code correlation strength)
SRC	short retry count	SS	station service

缩略语	原文	缩略语	原文
SSID	service set identifier	SSP	subscription service provider
SSPN	subscription service provider network	SSRC	station short retry count
SSW	sector sweep	STA	station
STBC	space-time block coding	STF	short training field
STK	STSL transient key	STKSA	STSL transient key security association
STSL	station-to-station link	STT	selective translation table
SU	single-user	SU-MIMO	single-user multiple input, multiple output
SYNC	synchronization	TA	transmitter address or transmitting station address
TAI	temps atomique international (international atomic time)	TBTT	target beacon transmission time
TC	traffic category	TCLAS	traffic classification
TDDTI	time division data transfer interval	TDLS	tunneled direct-link setup
TDLS	peer PSM tunneled direct-link setup peer power save mode	TFS	traffic filtering service
TID	traffic identifier	TIE	timeout interval element
TIM	traffic indication map	TK	temporal key
TKIP	temporal key integrity protocol	TLV	type/length/value
TMPTT	target measurement pilot transmission time	TOA	time of arrival
TOD	time of departure	TPA	transmission time-point adjustment
TPC	transmit power control	TPK	TDLS peer key
TPKSA	TDLS peer key security association	TPU	TDLS peer U-APSD
TRN-R	receive training	TRN-T	transmit training
TRQ	training request	TS	traffic stream
TSC	TKIP sequence counter	TSF	timing synchronization function
TSID	traffic stream identifier	TSN	transition security network
TSPEC	traffic specification	TTAK	TKIP-mixed transmit address and key
TTL	time to live	TTTT	target TIM transmission time
TU	time unit	TVHT	television very high throughput

续表

缩略语	原文	缩略语	原文
TVWS	television white spaces	TX	transmit or transmitter
TXASSI	transmit antenna selection sounding indication	TXASSR	transmit antenna selection sounding request
TXE	transmit enable	TXOP	transmission opportunity
TXSS	transmit sector sweep	U-APSD	unscheduled automatic power save delivery
UCT	unconditional transition	UESA	unauthenticated emergency service accessible
ULS	universal licensing system	U-NII	unlicensed national information infrastructure
UP	user priority	URI	uniform resource identifier
URL	universal resource locator	URN	uniform resource name
UTC	coordinated universal time	VHT	very high throughput
VLAN	virtual local area network	VoIP	voice over Internet protocol(IP)
WDS	wireless distribution system	WEP	wired equivalent privacy
WLAN	wireless local area network	WM	wireless medium
WNM	wireless network management	WSM	white space map